ZEITSCHRIFT FÜR ANGEWANDTE GEOLOGIE

HERAUSGEGEBEN VON

DER STAATLICHEN GEOLOGISCHEN KOMMISSION

UND DER ZENTRALEN VORRATSKOMMISSION

DER DEUTSCHEN DEMOKRATISCHEN REPUBLIK

AUS DEM INHALT

Brod

Geologische Voraussetzungen für das Aufsuchen neuer Öl- und Gasgebiete in der UdSSR

Gromow

Die wichtigsten Strukturtypen der Gangerzfelder

Ciuk

Die Braunkohlenlagerstätten in Polen und die Aussichten ihrer Erkundung

Lange

Die Sedimentärbecken Afrikas

Kraft

Erzmikroskopische Untersuchungen über die Aufbereitbarkeit von mylonitischem Gangmaterial am Beispiel des Silberfund-Stehenden, Revier Brand südlich Freiberg

Instruktion zur Anwendung der „Klassifikation der Lagerstättenvorräte fester mineralischer Rohstoffe" auf Flußspat- und Schwerspatlagerstätten der DDR

AKADEMIE-VERLAG · BERLIN

BAND 4 / HEFT 6

JUNI 1958

SEITE 257—304

INHALT

Seite

I. O. BROD: Geologische Voraussetzungen für das Aufsuchen neuer Öl- und Gasgebiete in der UdSSR . . 257

L. W. GROMOW: Die wichtigsten Strukturtypen der Gangerzfelder 265

E. CIUK: Die Braunkohlenlagerstätten in Polen und die Aussichten ihrer Erkundung 276

E. LANGE: Die Sedimentärbecken Afrikas 282

Instruktion zur Anwendung der „Klassifikation der Lagerstättenvorräte fester mineralischer Rohstoffe" auf Flußspat- und Schwerspatlagerstätten der DDR . . 284

R. HUTH: „Wüstungen" und geologische Kartierung . . 292

M. KRAFT: Erzmikroskopische Untersuchungen über die Aufbereitbarkeit von mylonitischem Gangmaterial am Beispiel des Silberfund-Stehenden, Revier Brand südlich Freiberg 293

R. MEINHOLD: Die Tagung der European Association of Exploration Geophysicists (EAEG) vom 5. bis 8. Juni 1957 in Brüssel 298

Besprechungen und Referate 300

Nachrichten und Informationen 303

Die ZEITSCHRIFT FÜR ANGEWANDTE GEOLOGIE berichtet ständig ausführlich über folgende Arbeitsgebiete: Geologische Grundlagenforschung und Lagerstättenforschung / Methodik der geologischen Erkundung / Ökonomie und Planung der geologischen Erkundung / Technik der geologischen Erkundung / Geologie und Lagerstättenkunde im Ausland / Bibliographie, Verordnungen, Richtlinien, Konferenzen, Personalnachrichten

Die ZEITSCHRIFT FÜR ANGEWANDTE GEOLOGIE ist kein Organ einer engen Fachgruppe. Auf ihren Seiten können alle strittigen Fragen der praktischen Geologie behandelt werden. Die Autoren übernehmen für ihre Aufsätze die übliche Verantwortung.

Herausgeber: Staatliche Geologische Kommission und Zentrale Vorratskommission für mineralische Rohstoffe der Deutschen Demokratischen Republik. Chefredakteur: Prof. Dr. Erich Lange, Berlin. Redaktion: Berlin N 4, Invalidenstraße 44. Verlag: Akademie-Verlag GmbH, Berlin W 8, Mohrenstraße 39 (Fernsprecher 20 03 86, Postscheckkonto: Berlin 350 21). Bestell- und Verlagsnummer des Heftes: 1047/4/6. Die „Zeitschrift für angewandte Geologie" erscheint monatlich. Bezugspreis 2,—DM je Heft, Doppelheft 4,— DM — Satz und Druck: Druckhaus „Maxim Gorki", Altenburg. Veröffentlicht unter der Lizenznummer ZLN 5008 des Ministeriums für Kultur, Hauptverwaltung Verlagswesen. Karten: MdI. der DDR Nr. 3999, 4088 / K 11. Printed in Germany.

ZEITSCHRIFT FÜR ANGEWANDTE GEOLOGIE

CHEFREDAKTEUR: PROF. DR. E. LANGE

BAND 4 · JUNI 1958 · HEFT 6

Geologische Voraussetzungen für das Aufsuchen neuer Öl- und Gasgebiete in der UdSSR [1]

I. O. BROD [2]), Moskau

INHALT

Zur Theorie und Praxis der Sucharbeiten im vorrevolutionären Rußland und in der UdSSR 257
Die verschiedenen Kategorien der Öl- und Gasakkumulationen 258
Prinzipien der geologischen Rayonierung großer öl- und gasführender Territorien 259
Die bekannten und möglichen öl- und gasführenden Becken der UdSSR 261
Zur Ausnutzung der Naturgasressourcen 264
Die Aussichten für die Entdeckung neuer Öl- und Gasakkumulationen in den verschiedenen stratigraphischen Komplexen 264

Zur Theorie und Praxis der Sucharbeiten im vorrevolutionären Rußland und in der UdSSR

Im vorrevolutionären Rußland war fast die gesamte Erdölgewinnung im Kaukasus konzentriert. Im wesentlichen wurde Erdöl auf der Halbinsel Apscheron und teilweise in den Revieren von Grosny und Maikop gewonnen.

Eine geringe Menge wurde auf der Insel Tscheleken und in der Ferghana-Senke (Mittelasien) gefördert, ganz unbedeutenden Anteil besaß die Nordküste des Kaspischen Meeres zwischen den Flüssen Emba und Ural.

Die Hauptmethode des Aufsuchens bestand in der Niederbringung von Bohrungen an den natürlichen Öl- und Gausaustritten. Zu dieser Zeit herrschte die Vorstellung, daß die wesentlichsten Ölakkumulationen an die Vorgebirge gebunden seien, wo das Öl aus großen Tiefen längs der Brüche aufsteigen könnte. Die von den Industriellen zur Auffindung neuer Öllagerstätten niedergebrachten Einzelbohrungen waren gewöhnlich höchstens mehrere hundert Meter tief. Die meisten verliefen ergebnislos.

Man zählte nur einzelne neue, in die Exploitation eintretende Lagerstätten. Nach dem Jahre 1901, in dem die Ölförderung Rußlands 11 Mio t betrug, sank die Gewinnung bis zur Nationalisierung der Erdölindustrie ständig ab.

Bereits am Anfang der Entwicklung der Erdölindustrie, d. h. gegen Ende des 19. und zu Anfang des 20. Jahrhunderts, äußerten mehrere Wissenschaftler ihre Ansichten über die völlig gesetzmäßige Verbreitung von Ölakkumulationen auf großen Territorien. Solche Meinungen finden wir in den Arbeiten von G. ROMANOWSKI, N. ANDRUSSOW, G. MICHAILOWSKI, K. BOGDANOWITSCH und einigen anderen Geologen. Die Bildung der Erdöllager erklärten sie durch die Akkumulation des Öls in porösen oder klüftigen, gut durchlässigen Gesteinen; die das Erdöl zusammensetzenden Stoffe sollten sich durch Umwandlung schlammiger, in mächtigen Sedimentgesteinspaketen eingeschlossener Ablagerungen gebildet haben. Diese Forscher betrachteten das Erdöl als Umwandlungsprodukt organischer Substanzen, die zwischen kleinsten aus Ton und Mergel bestehenden mineralischen Teilchen dispers verstreut vorlagen.

Die fortschrittlichen Vorstellungen über den gesetzmäßigen Zusammenhang vieler Ölakkumulationen mit den regional verbreiteten öl- und gasführenden Schichten fanden allerdings beim praktischen Aufsuchen und Erkunden neuer ölführender Gebiete faktisch keine Berücksichtigung. Dadurch erklärt sich gerade die Tatsache, daß in der vorrevolutionären Zeit in Rußland die Möglichkeiten zum Aufsuchen von Öl auf den großen ebenen Territorien, deren Untergrund mächtige Sedimentgesteinspakete bilden, nicht wahrgenommen wurden.

Die Industriellen ließen die Prognosen von A. PAWLOW unbeachtet, der unter Zugrundelegung der bei der Untersuchung des geologischen Baues des Uralgebietes erzielten Ergebnisse darauf hingewiesen hatte, daß die einzelnen Erdölaustritte an die Oberfläche in dieser Gegend ein überzeugender Beweis dafür sind, daß große Mengen Öl im Inneren der ebenen Territorien vorliegen.

Man begann erst in der Sowjetära die theoretischen Grundlagen der Erdölgeologie sowohl beim Aufsuchen neuer Öllagerstätten in bereits bekannten Gebieten als auch in neuen Öl- und Gasgebieten anzuwenden.

Bald nach der Nationalisierung der Erdölindustrie, in den zwanziger Jahren, regte einer der Erforscher des Urals, G. WACHRUSCHEW, unter Hinweis auf das Auftreten von Bitumina im Paläozoikum des Urals beharrlich an, Sucharbeiten auf paläozoisches Öl in den anliegenden Ebenen zu beginnen. Vor der Nationalisierung der Erdölindustrie wurde fast das gesamte Öl in Rußland aus dem Tertiär gewonnen. In unbedeutenden

[1]) Auf der Grundlage der folgenden, in der UdSSR bereits veröffentlichten Unterlagen: „Sowjetische Geologie“, Sammelband 47; eine von der Gesellschaft zur Verbreitung politischer und wissenschaftlicher Kenntnisse der UdSSR herausgegebene Broschüre, Serie III, Nr. 19, Moskau 1956, ferner „Erdölwirtschaft“, Nr. 6, 1956

[2]) Doktor der geologisch-mineralogischen Wissenschaften, Professor, Inhaber des Lehrstuhls für Geologie und Geochemie der Brennstoffe an der Moskauer Staatlichen Universität.

Mengen wurde es aus dem Mesozoikum an der Emba und in noch geringeren Mengen aus dem Paläozoikum an der Uchta gewonnen. Nach der Nationalisierung der Erdölindustrie wurde die Aufgabe gestellt, mit Sucharbeiten in neuen Gebieten zu beginnen und die Gewinnung der Erdölressourcen nicht nur im Tertiär aufzunehmen, sondern auch in älteren Formationen.

Der Begründer der sowjetischen Schule der Erdölgeologie, I. Gubkin, der die Gesetzmäßigkeiten der Verbreitung der Öllagerstätten in den verschiedenen Öl- und Gasgebieten der Erde studierte, begründete wissenschaftlich die Richtung der Such- und Erkundungsarbeiten auf Erdöl in der UdSSR. Unter seiner Leitung wurde das Aufsuchen neuer Felder in den bereits bekannten Öl- und Gasgebieten des Kaukasus und Mittelasiens durchgeführt, die geologischen Sucharbeiten auf Erdöl wurden in den großen Ebenen zwischen Wolga und Ural breit entfaltet.

Auf Grund dieser Arbeiten wurden viele neue Erdöllager auf den Ölfeldern im Tertiär und neue Lagerstätten aufgefunden, die in den alten Öl- und Gasgebieten auf der Halbinsel Apscheron und im Nordkaukasus liegen.

Auf der Grundlage der in den zwanziger Jahren unter Leitung von A. Archangelski und I. Gubkin durchgeführten Untersuchungen wurde die Vermutung ausgesprochen, daß im Tertiär des Kaukasus mehrere Erdölmuttergesteinsfolgen vorhanden sein müßten. Im Nordkaukasus sind an die Erdölmuttergesteinsfolgen des Mittleren Miozäns und des Paläogens, die gut durchlässige Speichergesteine enthalten, abbauwürdige Öl- und Gaslager gebunden.

Ein anderes Bild ist auf der Halbinsel Apscheron und in Westturkmenien zu beobachten, wo die Erdöllager an sandig-tonige Folgen des Pliozäns gebunden sind und ein großer Teil dieser Gesteine auf Grund der Ablagerungsverhältnisse nicht als Erdölmuttergestein zu betrachten ist. Die Vermutung wurde geäußert, daß sich die Öllager in den produktiven Folgen Aserbaidshans und Turkmeniens durch vertikale Migration aus den miozänen und paläogenen Erdölmuttergesteinsschichten gebildet hätten, welche die Kerne der erdölführenden Kuppeln (Stöcke) und der Brachyantiklinalen bilden.

Die Vermutungen Gubkins und Archangelskis wurden durch die Untersuchungen bestätigt, die die wissenschaftlichen Forschungsinstitute der Akademie der Wissenschaften der UdSSR und der Aserbaishanischen SSR, das Wissenschaftliche Forschungsinstitut für Erdölerkundung der UdSSR (WNIGRI), der Lehrstuhl für Geologie und Geochemie der Brennstoffe der Moskauer Universität und andere Forschungsorganisationen ausführten. Diese Untersuchungen wiesen nach, daß im Kaukasus mehrere Erdölmuttergesteinsfolgen regional weit verbreitet sind. Sie führten auch zur Ausarbeitung der Grundprinzipien für das Erkennen dieser Folgen.

Im Licht der gegenwärtig verfügbaren Unterlagen sind die aufgefundenen Öl- und Gaslagerstätten mit den Lagern im Tertiär nur einzelne Elemente eines mächtigen Öl- und Gasgürtels. Dieser Gürtel, der die Vorgebirgs- und intramontanen Senken der jungen Faltengebirge umfaßt, vereinigt zahlreiche Öl- und Gaslager in tertiären Ablagerungen. Ein besonders anschauliches Beispiel für die Anwendung der theoretischen Grundlagen der Erdölgeologie beim Aufsuchen neuer Öl- und Gasgebiete stellen die Such- und Erkundungsarbeiten dar, die zwischen Wolga und Ural durchgeführt wurden. Hier wurde das „Zweite Baku" geschaffen. Daher fanden die Prognosen A. Pawlows ihre Bestätigung, und die von I. Gubkin zu Anfang der zwanziger Jahre vorgebrachten Vorschläge wurden realisiert. Die Erkundung der Öl- und Gaslagerstätten zwischen Wolga und Ural führte im Paläozoikum der Russischen Tafel zur Auffindung einer Anzahl regional verbreiteter öl- und gasführender Folgen. Die Gesetzmäßigkeiten in der Verbreitung des dispersen organischen Materials weisen darauf hin, daß im Paläozoikum auf der Russischen Tafel mehrere Etappen existierten, die die Bitumenbildung begünstigten. Die Bildung der dispersen Bitumina und ihre Umwandlung in Erdöl erfolgte im Mittel- und Oberdevon, im Unter- und Mittelkarbon sowie im Perm.

Auf der Russischen Tafel wurde zwischen Wolga und Ural eine Anzahl öl- und gasführender Gebiete mit zahlreichen Lagerstätten entdeckt; ein Teil dieser Lagerstätten besitzt bedeutend reichere Vorräte als die alten kaukasischen Lagerstätten. Einige Lagerstätten des Wolga-Ural-Gebietes enthalten Lager im Devon und Karbon, andere nur im Karbon, dritte im Karbon und Perm und einige nur im Perm. Man kann annehmen, daß alle diese Lager mit Schichten zusammenhängen, die in ihrer Mehrzahl nicht nur erdölführend sind, sondern auch Erdölmuttergesteine darstellen.

Vom Gesichtspunkt der Öl- und Gasführung sind in der UdSSR die Ablagerungen des Mesozoikums am wenigsten untersucht. Bis in die letzten Jahre hinein wurde Öl aus dem Mesozoikum in sehr unbedeutender Menge nur in Kasachstan an der Nordküste des Kaspischen Meeres gewonnen.

Die zur Untersuchung der mesozoischen Sedimentationsverhältnisse durchgeführten Untersuchungen weisen auf die Möglichkeit hin, in diesen Ablagerungen sehr große Öl- und Gasakkumulationen aufzufinden. Die aussichtsreichsten Territorien für das Aufsuchen großer mesozoischer Öl- und Gasansammlungszonen liegen hauptsächlich zwischen den Gebieten, die hinsichtlich der Öl- und Gasführung des Paläozoikums und des Tertiärs bekannt sind. Die Perspektiven des Mesozoikums werden durch die Tatsache unterstrichen, daß man darin im Süden der UdSSR eine Anzahl neuer Lagerstätten und Erdölanzeichen gefunden hat; ferner wurden im Verlauf der letzten 10 Jahre in mesozoischen Schichten außerordentlich große Öl- und Gasakkumulationen im Nahen Osten entdeckt: in Saudi-Arabien, in Kuwait, im Iran und Irak.

Die verschiedenen Kategorien der Öl- und Gasakkumulationen

Der Erfolg der Such- und Erkundungsarbeiten auf Öl und Gas hängt einerseits vom Umfang dieser Arbeiten ab, anderseits von einer gut begründeten, vergleichenden Einschätzung der Aussichten der Öl- und Gasführung; das bezieht sich sowohl auf große Gebiete als auch auf die einzelnen Felder. Um die Aussichten für die Öl- und Gasführung großer Territorien in der Gegenwart einschätzen zu können, vergleicht man die großen Bereiche der Erdkruste miteinander und ermittelt die Bedingungen, die für die Bildung und Erhaltung von Öl- und Gasakkumulationen günstig sind oder nicht.

Richtige Voraussagen bei der vergleichenden Einschätzung der Aussichten der Öl- und Gasführung hängen vor allem davon ab, ob die Gesetzmäßigkeiten in der Verbreitung vieler Öl- und Gasakkumulationen in unterschiedlich aufgebauten Bereichen der Erdkruste erkannt werden. In Verbindung mit der Lösung dieser Aufgabe werden seit den letzten Jahren in der UdSSR systematische Forschungen zur Untersuchung der verschiedenen Typen der Öl- und Gasakkumulation durchgeführt, um die Gesetzmäßigkeiten ihrer Verbreitung zu ermitteln.

Diesen Untersuchungen ging eine Systematisierung der Unterlagen voraus, welche die Akkumulationstypen von Öl und Gas kennzeichnen. Bis 1933/1934 wurden in den Arbeiten, welche die öl- und gasführenden Felder behandelten, vorwiegend die Typen der Strukturformen beschrieben, an welche die Öl- und Gasakkumulationen geknüpft sind. In Vorträgen und in der Literatur wurde häufig kein Unterschied gemacht zwischen solchen Kategorien wie der einzelnen Akkumulation von Öl, der Gesamtheit der Ansammlungen in einem Feld und der Gesamtheit der Vorkommen, die gesetzmäßig in großen Zonen miteinander verbunden sind, wobei diese Zonen große regionale Verbreitung besitzen. Es war gang und gäbe, den Ausdrücken „Lager" und „Lagerstätte" den gleichen begrifflichen Inhalt zuzuschreiben. Das Fehlen von allgemeingebräuchlichen Definitionen für die wichtigsten termini technici erschwerte die Systematisierung der Daten, welche die Lagerungsverhältnisse des Erdöls charakterisieren, ferner begab man sich dadurch der Möglichkeit, eine vielseitige Klassifikation seiner Akkumulationen zu schaffen. In den letzten Jahren wurde durch verschiedene Forscher ein umfangreiches Material zu dieser Frage gesammelt, das es ermöglichte, die Hauptelemente einer vielseitigen Klassifikation der Öl- und Gasansammlungen abzugrenzen; dieses Material wird es ferner erlauben, die Hauptgesetzmäßigkeiten ihrer Verbreitung in der Erdkruste zu skizzieren.

Der Verfasser gliedert alle Arten von Öl- und Gasakkumulationen in drei qualitativ verschiedene Kategorien. Es war hierfür erforderlich, solche Begriffe wie Öl- und Gaslager, Öl- und Gaslagerstätten und Zonen der Öl- und Gasakkumulation eindeutig zu definieren und ihre Unterschiede hervorzuheben. Unter Lagern sind die Einzelakkumulationen von Öl und Gas zu verstehen, als Öl- und Gaslagerstätten sind die lokalen Strukturelemente aufzufassen, mit denen eine Anzahl von Lagern, die gewöhnlich untereinander auf einem Feld liegen, genetisch verbunden ist. Die Gesamtheiten der Lagerstätten, die durch die Einheit der Bildung gesetzmäßig miteinander verbunden sind, werden als Öl- und Gasakkumulationszonen ausgeschieden.

Die Untersuchungen haben gezeigt, daß die geologischen Voraussetzungen, die einen Vergleich und eine Gegenüberstellung der Akkumulationen dieser drei Kategorien erlauben, verschieden sind. Es wurde festgestellt, daß sich die Einzelakkumulationen und die Lager hinsichtlich der Bildungsverhältnisse und der Existenz der örtlichen Fallen unterscheiden. In diese Fallen gelangen Öl und Gas im Verlauf ihrer Migration und ihrer Abtrennung vom Wasser innerhalb der durchlässigen Gesteine. Die durchlässigen Gesteine dienen als natürliches Reservoir für alle in den Gesteinen eingeschlossenen beweglichen Substanzen. Voraussetzung für einen Vergleich und eine Gegenüberstellung der Lagerstätten sind die Unterschiede in den strukturellen Biegungsformen der Gesteine, mit denen die Bildung und die Existenz vieler Fallen, die Öl und Gas enthalten, zusammenhängt. Für den Vergleich und die Gegenüberstellung der Öl- und Gasakkumulationen bedarf man einer umfassenden regionalen geologischen Analyse, welche die Möglichkeit gibt, das Verhältnis von Erdölmuttergesteinsfazies und gut durchlässigen Gesteinen in großen Bereichen der Erdkruste zu erkennen.

Prinzipien der geologischen Rayonierung großer öl- und gasführender Territorien

Bei der Untersuchung der Bildungsbedingungen und der Gesetzmäßigkeiten, die der Verbreitung der Öl- und Gasakkumulationen in mächtigen Sedimentgesteinen zugrunde liegen, gilt es, sowohl die Grundzüge des jetzigen Aufbaues eines bestimmten Bereichs der Erdkruste als auch die wichtigsten Etappen seiner geologischen Entwicklung festzustellen.

Die Durchführung der Untersuchung gibt die Möglichkeit, die Gesetzmäßigkeiten aufzufinden, welche die Ansammlung und Umbildung der in mächtigen Folgen schlammiger Gesteine dispers verteilten organischen Substanzen bei ihrer Verwandlung in Bitumina beherrschen. Die Verlagerung der in den schlammigen Gesteinen befindlichen beweglichen Substanzen auf bedeutende Entfernung vollzieht sich vom Gebiet der stärksten Absenkung und Verdichtung aus nach Gebieten mit geringerer Verdichtung hin. Bei der Bildung mächtiger Sedimente verläuft dieser Prozeß für jede große geschlossene, als Sedimentationsbecken dienende Senke der Erdkruste vom Zentrum nach dem Rande der Senke hin.

Das Studium der Gesetzmäßigkeiten, die bei der Mächtigkeitsverringerung der Erdölmuttergesteinsformationen und der Deckschichten zu beobachten sind, gibt die Möglichkeit, die ungefähre Migrationsrichtung der beweglichen organischen Substanzen zu rekonstruieren. Aus den Karten gleicher Mächtigkeiten und gleicher Fazies, die für die Russische Tafel, den Kaukasus und das Kaukasusvorland zusammengestellt wurden, geht hervor, daß jeder Sedimentationstrog gewöhnlich ein Bestandteil eines größeren Senkungsgebietes der Erdkruste ist. Die Umrisse der Sedimentationströge und die Lage des axialen Teils der größten Durchbiegung erfahren in Zusammenhang mit den weitgespannten wellenförmigen Schwingungsbewegungen der Kruste wesentliche Veränderungen. Diese Bewegungen bewirken auch Veränderungen im Verhältnis der großen Hebungs- und Senkungsgebiete.

Diese Veränderungen prägen sich in den in Tafelgebieten gelegenen Sedimentationströgen in geringem Maße, in den in Geosynklinalgebieten gelegenen dagegen bedeutend stärker aus. Unter geosynklinalen Bedingungen wird in den am stärksten durchgebogenen axialen Teilen der Tröge, nämlich den Vorgebirgsgräben, die sich an die Gebirgsmassive anlehnen, die Sedimentakkumulation von einer Faltung begleitet. Die durch die Orogenese entstandenen Falten ordnen sich um das Massiv an und bilden randliche Faltenzonen. Jede Etappe der Gebirgsbildung und des Wachsens des Gebirgsmassivs führt dementsprechend zu einer Verlagerung der großen Senkungsgebiete. Folglich bringt jede Etappe der Gebirgsbildung eine grundlegende Veränderung der Migrationsbedingungen der Kohlenwasserstoffsubstanzen mit sich, sie bedingt weiterhin eine Veränderung der hydrogeologischen Verhältnisse im Bezug auf die Speisung und Entlastung der Wassermassen, welche die natürlichen Reservoire sättigen.

Bei der Untersuchung der Gesetzmäßigkeiten, denen die Verbreitung der Öl- und Gasakkumulationszonen in diesem oder jenem rezenten großen Senkungsgebiet der Erdkruste gehorcht, wird die Geschichte der geologischen Entwicklung und der Umbildung der Sedimentationströge, die auf einem gegebenen Bereich der Erdkruste existierten, rekonstruiert.

Im Zusammenhang mit einer ähnlichen Betrachtung des Problems der Öl- und Gasakkumulation unternahm der Verfasser anfangs den Versuch, für den Begriff „Öl- und Gasprovinz“[3]) eine genetische Deutung zu geben. Er schlug vor, als Öl- und Gasprovinz einen Bereich der Erdkruste aufzufassen, der während einer geologisch langen Zeitdauer ein einheitliches Sedimentationsbecken darstellte, das durch die Gemeinsamkeit der Bitumenverhältnisse und der regionalen Öl- und Gasakkumulationsvorgänge gekennzeichnet war. Die Öl- und Gasprovinzen wurden nach der Stratigraphie ausgesondert. Die bei den nachfolgenden Untersuchungen gemachten Erfahrungen haben allerdings gezeigt, daß bei der heutigen Struktur der Erdkruste die Rekonstruktion derartiger Senken, die irgendwann einmal existiert haben, sehr schwierig und die stratigraphische Stellung der Grenzen dieser Provinzen recht unbestimmt ist.

Es ist außerdem zu bemerken, daß die verschiedenen Autoren dem Begriff „Öl- und Gasprovinz“ (wörtlich: öl- und gasführende Provinz) verschiedenen Sinn beilegen, darunter auch die amerikanischen Geologen, die diesen Begriff einführten. Unter Berücksichtigung der äußersten Unbestimmtheit dieses Ausdrucks soll man ihn nicht bei der Rayonierung großer Territorien anwenden. Deshalb schlug der Verfasser später vor, die Rayonierung großer Territorien durch Ausscheidung der öl- und gasführenden Becken durchzuführen.[4]) Dieser Ausdruck gewann sofort weite Verbreitung, und er wird in den meisten Arbeiten benutzt, die in der UdSSR zu diesem Problem veröffentlicht werden.

Unter öl- und gasführenden Becken versteht man Gebiete einer großen und andauernden Absenkung in einer rezenten Struktur der Erdkruste, mit denen zahlreiche Öl- und Gasakkumulationszonen und die sie speisenden Erdölsammelfelder zusammenhängen. Der Ausdruck „öl- und gasführendes Becken“ ist kein Synonym für den Ausdruck „öl- und gasführende Provinz“. Er entspricht nicht der Provinz als einheitliches Sedimentationsbecken, da die Ausscheidung der Becken durch Abgrenzung großer, rezenter, geschlossener Senkungsgebiete (Durchbiegungsgebiete) der Kruste vorgenommen wird. Diese Gebiete kontrollieren das Wechselverhältnis der vielen Öl- und Gasakkumulationszonen. Innerhalb der heutigen Grenzen der öl- und gasführenden Becken konnten die Sedimentationsbecken, die früher hier existierten, oftmals ihre Umrisse verändern.

Bei der Analyse der Gesetzmäßigkeiten, denen die Verteilung der bekannten und möglichen Öl- und Gasakkumulationszonen gehorcht, die in den öl- und gasführenden Becken ausgeschieden werden können, wird das Verhältnis dieser Zone zur rezenten Struktur der Kruste betrachtet. Alle Veränderungen, die ein gegebener Bereich der Erdkruste im Verlauf seiner geologischen Entwicklungsgeschichte erfuhr, werden berücksichtigt, um einer vergleichenden Einschätzung der Öl- und Gasführung der einzelnen Teile der öl- und gasführenden Becken und der mit ihnen zusammenhängenden Öl- und Gasakkumulationszonen liefern zu können.

Viele öl- und gasführende Becken, die in geologischer Frühzeit entstanden sind, existieren auch heute noch, wobei sie die Grundzüge ihres Baues beibehalten. Manche Absenkungsgebiete der Erdkruste wiederum, die als öl- und gasführende Becken zu betrachten sind, änderten nicht nur ihre Umrisse vollständig, sondern es traten auch bei den Strukturformen der Gesteinsfolgen, die bei der Sedimentation entstanden, grundlegende Veränderungen ein. Bis zur Gegenwart haben sich im Paläozoikum entstandene öl- und gasführende Becken nur auf den Tafeln mit präkambrischem Untergrund erhalten, ferner auch in Vorgebirgs- und Zwischengebirgssenken von Faltensystemen, deren Konsolidierung sich im Paläozoikum vollzog.

Wenn auch die Akkumulation des organischen Materials im Sediment und seine Umbildung in Bitumen hauptsächlich von den Sedimentations- und Diageneseverhältnissen abhängt, so wird doch die Bildung und Zerstörung der Öl- und Gaslager vorwiegend durch tektonische Prozesse bestimmt.

Die regionale Migration der Kohlenwasserstoffe, ihre Differentiation, Akkumulation und Neuverteilung können erfolgen, solange ein öl- und gasführendes Becken besteht. Auf seinen verschiedenen Entwicklungsetappen können je nach den geologischen Bildungsbedingungen des öl- und gasführenden Beckens manche Prozesse intensiviert, andere wieder abgeschwächt werden. In den verschiedenen Entwicklungsetappen der Erdkruste erfolgt in den großen Absenkungsgebieten bis heute die Bildung und Zerstörung von Öl- und Gaslagern. Die Existenz der Lager hängt im wesentlichen vom Verhältnis des Erdöls und Gases zum Wasser bei der Verlagerung und Trennung der beweglichen Substanzen in den gut durchlässigen Gesteinen ab.

Dem Wesen nach kann die Bildung jetzt existierender Öl- und Gaslager nur nach Entstehung jetzt existierender Fallen erfolgen, und ihre Erhaltung hängt von den rezenten geochemischen und hydrogeologischen Verhältnissen ab. Folglich hängt die Existenz von Öl- und Gasakkumulationszonen im wesentlichen von den jetzt herrschenden Beziehungen zwischen Speichergesteinen und schwach durchlässigen Gesteinen und von den Verhältnissen der regionalen Wasserzirkulation ab; diese Zirkulation ist bestimmend für die Möglichkeit oder Unmöglichkeit der Erhaltung der Öl-(Gas-)lager in den jetzt existierenden Fallen.

Alle Öl- und Gasakkumulationszonen sind entweder an Antiklinalzonen gebunden oder an Zonen, in denen die Speichergesteine an einer Monoklinale nach oben auskeilen, oder schließlich an solche Stellen, wo die letzteren von plastischen Gesteinen diskordant überlagert werden. Daher ist die Einteilung der Öl- und Gasakkumulationszonen in regional verbreitete strukturelle und stratigraphische Fallen durchaus gerechfertigt, was man jedoch nicht sagen kann, wendet man das gleiche Ordnungsprinzip für Lager und Lagerstätten an.

[3]) I. O. BROD & N. A. JEREMENKO: Grundlagen der Öl- und Gasgeologie. 1. Auflage, Moskauer Staatliche Universität, 1950.
[4]) I. O. BROD & N. A. JEREMENKO: Grundlagen der Öl- und Gasgeologie. 2. Auflage, Moskauer Staatliche Universität, 1953.

Luxemburg
Oslo
Stockholm
Jütland
Kopenhagen
Baltisches-Ölb.
Berlin
Warschau
Riga
Helsinki
Wilnius
Minsk
Wiener Ölb.
Pannonisches Ölb.
Budapest
Belgrad
Borislaw
Lwow
Daschawa
Bukarest
Kischinew
Dnepr-Donau-Ölb.
West-Schwarzmeer-Ölb.
Ankara
Ost-Schwarzm.-Ölb.
Dnepr
Dnepr-Donez-Ölb.
Mosyry
Charkow
Asowsches Meer
Asow-Kuban-Ölb.
Petrosawodsk
Ladogasee
Weißes Meer
MOSKAU
Moskauer Ölb
Mesensko-Kama-Ölb.
Petschora-Timan-Ölb.
Uchta
Perm
Bugurusla
Kuibyschew
Ischimbai
Saratow
Stalingrad
Don
Wolga
Nord kaspisches-Ölb.
Astrachan
Gurjew
Ural
Aktjubinsk
Grosny
Machatschkala
Derbent
Tbilissi
Erewan
Kleiner Kaukasus
Großer Kaukasus
Baku
Nebit Dag
Südkasp.-Ölb.
Teheran
Elburs-Gebirge
Ust-Urt-Ölb.
Aralsee
Syr-Darja
Kysyl-Kum-Ölb.
Kara-Kum-Ölb.
Aschchabad
Amu-Darja
Taschkent
Ferghana-Ölb.
Tadshik.-Ölb.
Termes
Kabul
Hindukusch
Sefid-Kuh
Pamir
Kaschgar
West-Kaschgar-Ölb.
Kutschar-Ölb.
Ilijsk-Ölb.
Alma-Ata
Frunse
Tschuisk-Ölb.
Balchasch-See
Dsunga
Westsibirisches-Öl
Swerdlowsk
Tobolsk
Berjosowa
Soswa
Irtysch
Ob
Nowaja Sem
Karisch
Waigatsch
Kolgujew Ins.
Barentssee
Franz
500 0 500 1000 1500 km

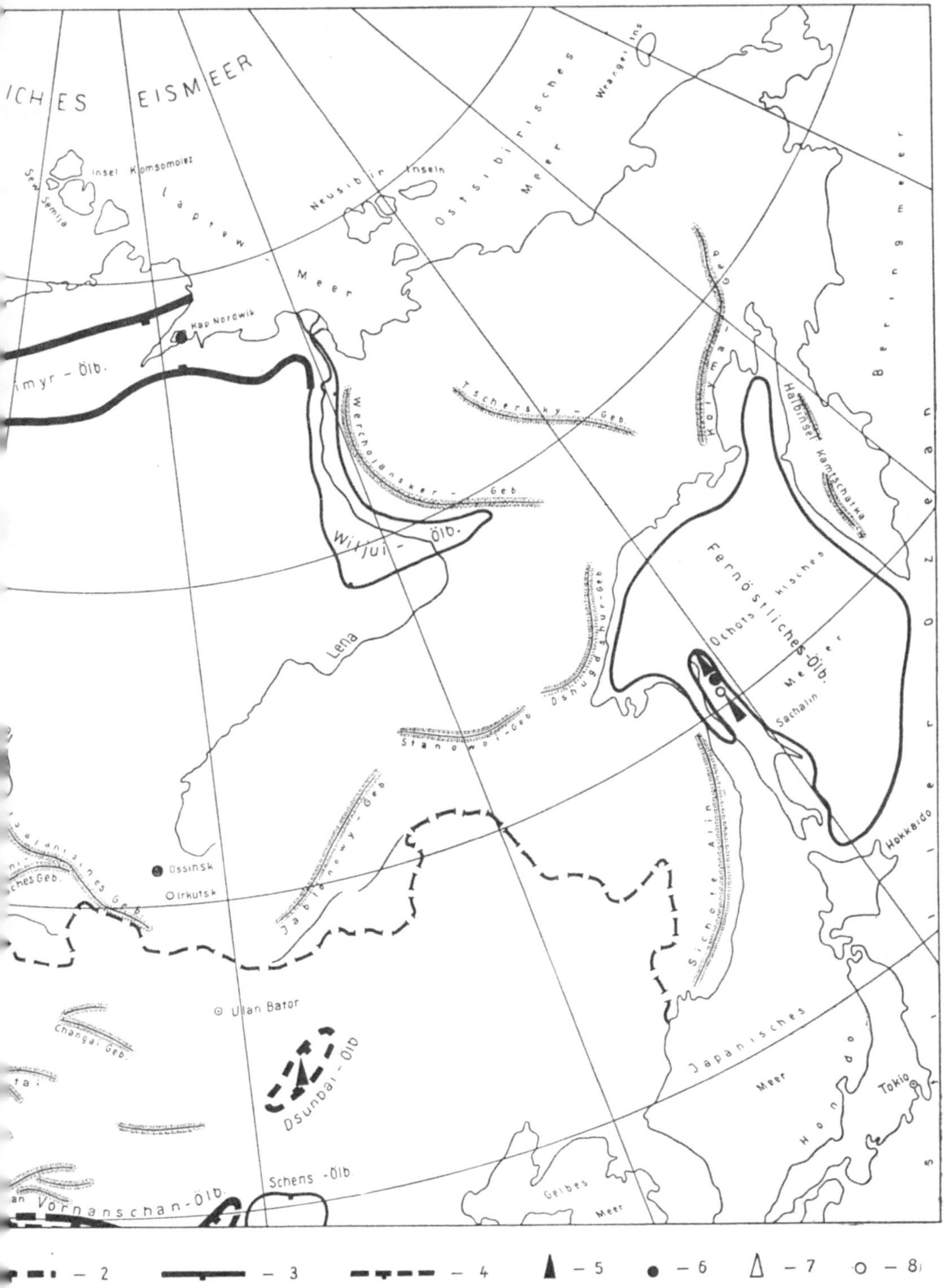
ICHES EISMEER
Insel Komsomolez
Sewernaja Semlja
Laptew Meer
Neusibir. Inseln
Ostsibirisches Meer
Wrangel Ins.
Kap Nordwik
Taimyr-Ölb.
Tschersky-Geb.
Werchojansker-Geb.
Wiljui-Ölb.
Kolyma-Geb.
Halbinsel Kamtschatka
Beringmeer
Lena
Fernöstliches Ochotskisches Ölb.
Meer
Sachalin
Dshugdshur-Geb.
Stanowoi-Geb.
Jablonowy-Geb.
Ossinsk
Irkutsk
Sichote Alin
Hokkaido
Ulan Bator
Changai Geb.
Dsunbai-Ölb.
Japanisches Meer
Hondo
Tokio
Schens-Ölb.
Vornanschan-Ölb.
Gelbes Meer
– 2
– 3
– 4
– 5
– 6
– 7
– 8

Die rezenten Senken, die sich an die Öl- und Gasakkumulationszonen anschließen, sind als ihre Erdölsammelfelder zu betrachten. Die öl- und gasführenden Becken schließen in ihrer heutigen Struktur Öl- und Gasakkumulationszonen und Erdölsammelfelder ein. Die Gemeinsamkeit der Bildungsverhältnisse in einer Reihe Öl- und Gaslagerstätten in jeder Öl- und Gasakkumulationszone hängt mit der Einheitlichkeit der Entstehungsbedingungen vieler Fallen und den Beziehungen zwischen den Lagern in diesen Fallen und den regionalen hydrogeologischen Verhältnissen zusammen. Von größter Bedeutung sind hierbei die Strukturformen. Migrationen und Differentiationen innerhalb des Reservoirs, welche die Bildung der Lager im wesentlichen bestimmen, sind nur bei Neigung der Schichten möglich.

Die Öl- und Gasakkumulationszonen hängen genetisch mit der Veränderung der Paläogeographie des Beckens und mit seiner tektonischen Entwicklung zusammen. Die Paläogeographie der Becken und die Akkumulationsbedingungen unterscheiden sich bekanntlich von denen, die in Geosynklinalgebieten auftreten. Verschieden sind im Hinblick auf diese beiden Bereiche auch die tektonischen Vorgänge, die Migrationsverhältnisse und die Bedingungen für die Bildung und Zerstörung der Lager. Folglich müssen auch die Öl- und Gasakkumulationszonen unter diesen Bedingungen ihre kennzeichnenden Züge aufweisen.

Bei der Faltenbildung in Geosynklinalräumen entstehen große Öl- und Gasakkumulationszonen, die sich parallel zum Hauptstreichen des Gebirgsmassivs erstrecken. Wenn sich die Differentialbewegungen des unterlagernden Fundaments auf die Faltenbildung in der Geosynklinalsenke auswirken, dann liegen die Antiklinalzonen, mit denen die Öl- und Gasakkumulationszonen zusammenhängen, nicht selten kulissenartig in einem bestimmten Winkel zum Streichen des Massivs.

In den Becken, die sich unter Tafelverhältnissen entwickeln, besitzen die Öl- und Gasakkumulationszonen keine derart ausgeprägte Orientierung, da die Umrisse der Hebungen gewöhnlich durch die Differentialbewegungen der Fundamentblöcke bestimmt werden. Ein gesetzmäßiger Zusammenhang mit den Umrissen der Senken ist nur für die Zonen charakteristisch, die sich längs der Ränder der auf Tafelgebieten befindlichen öl- und gasführenden Becken hinziehen.

Auf kompliziert gebauten Krustenbereichen, die im Paläozoikum oder Mesozoikum vom Geosynklinalstadium zum Tafelstadium übergingen, bestehen die Öl- und Gasakkumulationszonen aus verschieden gebauten Stockwerken. Wenn auch die Struktur der Stockwerke in einem gewissen Maße dem Bau des gefalteten Fundaments folgt, so wird sie doch im allgemeinen durch schwach ausgeprägte Formen gekennzeichnet.

Bei der Entstehung der Blockgebirge werden in solchen Krustenbereichen, die zum Tafelstadium übergegangen sind, in den intramontanen Trögen wiederum Bedingungen für die Öl- und Gasakkumulation geschaffen, die den Bedingungen in Geosynklinalen ähneln.

Die erwähnten Voraussetzungen liefern die Begründung dafür, alle bekannten öl- und gasführenden Becken wie folgt einzuteilen: Becken in rezenten ebenen Tafelgebieten, Becken in Vortiefen junger Gebirge und schließlich Becken in intramontanen Senken.

Die bekannten und möglichen öl- und gasführenden Becken der UdSSR

Die Öl- und Gaslagerstätten, die in Rußland vor der Oktoberrevolution exploitiert wurden, waren im wesentlichen an Vorgebirgssenken und intramontane Senken gebunden.

Am frühesten begann die industrielle Erdölexploitation auf der Halbinsel Apscheron im Südostkaukasus. Die Halbinsel Apscheron wird zusammen mit den Lagerstätten der Kura-Niederung, den benachbarten Gebieten Ostgrusiniens und der Kaspi-Niederung Westturkmeniens im einheitlichen Südkaspischen oder Kura-Turkmenischen öl- und gasführenden Becken zusammengefaßt. In diesem Becken treten die größten Öl- und Gaslager im Pliozän auf. Unbedeutende Ölakkumulationen sind auch im Paläogen bekannt. Die Herde der Schlammvulkane, die riesige Gasmengen auswarfen, liegen wahrscheinlich in mesozoischen Schichten (s. Karte).

Im Südkaspischen öl- und gasführenden Becken befinden sich die reichsten Öl- und Gasakkumulationen auf der Halbinsel Apscheron, im umliegenden Seichtwassergebiet des Kaspischen Meeres und im Bulchan-Rayon Transkaspiens. Die Exploitation dieser Lagerstätten lieferte von 1871—1955 etwa 800 Mio t Erdöl.

In Aserbaidshan, wo in der Nachkriegszeit die Ölförderung etwas zurückging, wurden in den letzten Jahren neue große Lagerstätten entdeckt. Auf neuen Bereichen des im Meere gelegenen Erdölfeldes „Neftjanye kamni“ wurde ermittelt, daß eine Anzahl von Erdöllagern eine hohe Produktivität besitzt. Im Meere wurden außerdem noch zwei neue Gasöllagerstätten gefunden.

Große Bedeutung besitzt auch die Entdeckung der neuen Öl- und Gasfelder Karadagh und Kirowdagh, die im Süden und Südwesten der Halbinsel Apscheron liegen. Diese Entdeckungen besitzen nicht nur für die günstige Einschätzung der Öl- und Gasführung der Kura-Niederung im westlichen Teil des Beckens große Bedeutung, sondern auch für das Aufsuchen neuer Öl- und Gasakkumulationszonen östlich des Kaspischen Meeres, in Turkmenistan.

In den letzten Jahren nahm östlich des Kaspischen Meeres die neue Lagerstätte Kumdagh die Förderung auf, neue Lager auf der Halbinsel Tscheleken wurden erschlossen, entdeckt wurde eine große Gaslagerstätte in der Kysyl-Kum. Unmittelbar westlich dieses Beckens liegt das Rion-Schwarzmeer-Becken, wobei ein großer Teil dieses Beckens im Schwarzen Meer selbst liegt. Trotz einer bedeutenden Menge natürlicher Öl- und Gasanzeichen, die in Westgrusinien bekannt sind und die sowohl von mesozoischen als auch von tertiären Schichten ausgehen, gelang es bis jetzt noch nicht, in diesem Becken einigermaßen bedeutende exploitationswürdige Ölakkumulationen aufzufinden. Am höffigsten ist hier das Mesozoikum.

Nach der Halbinsel Apscheron wurde die Erdölgewinnung im industriellen Maßstab im Rayon von Grosny aufgenommen. Das Gebiet Grosny wird zusammen mit den Vorgebirgen und Ebenen Daghestans und der Nordossetischen ASSR, ferner dem in Transkaspien gelegenen Territorium zwischen Mangyschlak und Großem Balchan zum Mittelkaspischen oder Tersk-Karabogasischen öl- und gasführenden Becken zusammengefaßt. In diesem Becken ist das bereits bekannte Intervall der Öl- und Gasführung weitaus größer als in den schon erwähnten Becken. Öl- und Gasakkumulationen treten im Jura, in der Kreide, im Paläogen und im Miozän auf.

Bis jetzt ist nur die Öl- und Gasführung des westlichen Teils dieses Beckens nachgewiesen. Hier liegen zahlreiche Lagerstätten des Gebiets von Grosny sowie der Nordossetischen und der Daghestanischen Autonomen Sozialistischen Sowjetrepublik.

Bis 1947 wurden vorwiegend Öl- und Gaslager im Mittleren Miozän und teilweise im Paläogen exploitiert. Bald darauf wurden in Daghestan, in der letzten Zeit auch im Gebiet von Grosny die Ölführung und die Gasführung des Mesozoikums erkannt.

In den Nachkriegsjahren wurden neue Öl- und Gasakkumulationszonen auf der Tafelböschung des Mittelkaspischen Beckens im Rayon Prikum entdeckt. Auf den neuen Lagerstätten Oseksuat und Simnjaja stawka begann die Exploitation der unterkretazischen und jurassischen Erdöllager. Im östlichen Teil des gleichen Beckens, in der Karabogasischen Niederung östlich des Kaspischen Meeres, liegen sie nahe an der Oberfläche. Hier ist die Auffindung neuer Öl- und Gasakkumulationszonen mit mesozoischen Lagern zu erwarten. Auf den Lagerstätten Atschikulak und Praskowej, die etwas weiter südlich liegen, begann die Exploitation von Öllagern, die im Paläogen auftreten.

Mesozoische Schichten wurden durch Bohrungen im östlichen Kaukasusvorland in über 2000—3000 m Tiefe nachgewiesen, im Rayon von Karabogas liegen sie in Teufen bis zu 2000 m.

Die im Gebiet von Krasnodar exploitierten Erdöllagerstätten werden gemeinsam mit den zahlreichen Öl- und Gasanzeichen der Halbinseln Taman und Kertsch zum Asow-Kuban öl- und gasführenden Becken zusammengefaßt. In diesem Becken tritt eine exploitationswürdige Erdölführung hauptsächlich im Paläogen und teilweise im Miozän und Pliozän auf. Es sind auch Öl- und Gasanzeichen im Mesozoikum bekannt.

Vor dem Kriege wurde Erdöl im wesentlichen aus dem Mittleren Paläogen in dem Gebiet um die Stadt Neftegorsk gewonnen. In den letzten Jahren wurden neue Lagerstätten entdeckt, die Lager im Unteren Paläogen und in den jüngeren miozänen und pliozänen Schichten enthalten. Heute sind längs der ganzen nordwestlichen Abdachung des Kaukasus zahlreiche Ölakkumulationen nachgewiesen, die sowohl mit den Auskeilzonen der Sandsteinfolgen als auch mit Antiklinalzonen zusammenhängen.

Auf den neuen Öl- und Gasfeldern Anastasjewskaja, Troizkaja und Nowodmitrijewskaja wurden nicht nur Erdöl-, sondern auch große Gaslager entdeckt. In der sich am Kuban zwischen der Halbinsel Taman und Armawir hinziehenden Zone ist die Auffindung einer großen begrabenen Antiklinalzone sehr wahrscheinlich, in der dann neue Öl- und Gasfelder entdeckt werden können.

Von 1869 bis zur Gegenwart wurden im Mittelkaspischen und im Asow-Kuban öl- und gasführenden Becken etwas über 200 Mio t Erdöl gefördert.

An die Karpatenvorsenke ist ein öl- und gasführendes Becken geknüpft, welches sowohl zahlreiche Öllagerstätten und Ölanzeichen der Ostkarpaten als auch die große Gasakkumulationszone umfaßt, welche die Vorkarpatensenke im Osten begrenzt. In diesem Becken sind Miozän, Paläogen und Kreide öl- und gasführend. Hier werden viele Dutzend kleiner Öllagerstätten exploitiert, die hauptsächlich mit den überkippten Stirnfalten zusammenhängen, die durch Aufschuppung entstanden. Innerhalb dieser Lagerstätten ragt seit langem die Lagerstätte von Borislawsk hervor. In letzter Zeit wurden die neuen Erdöllagerstätten Dolina und Bitkow entdeckt, welche die Möglichkeit bieten, die Erdölführung in diesem Becken merklich zu steigern.

Die großen Gaslagerstätten Daschawa, Ungersko, Opari und andere in der Vorkarpatenzone auftretende Gasakkumulationen dienen zur Gasversorgung Moskaus, Kiews, Lwows und vieler anderer Städte durch Ferngasleitungen.

Im Westen dieses Beckens liegt noch ein öl- und gasführendes Becken in der Zentralsenke der Karpaten.

In intramontanen Senken Mittelasiens liegen das Ferghana-Becken sowie das Südtadshikische Becken. In diesen treten Erdöllager hauptsächlich im Tertiär und teilweise in der Kreide auf.

Zum intramontanen öl- und gasführenden Becken, das unter dem Wasserspiegel des Stillen Ozeans liegt, gehören die Lagerstätten der Insel Sachalin. Hier tritt das Erdöl im Tertiär auf.

Im vorrevolutionären Rußland wurde Erdöl auf der Tafel nur an der Uchta und am Ufer des Kaspisees zwischen den Flüssen Emba und Ural gefördert.

Im Rayon von Uchta wurde die Erdölgewinnung schon seit langer Zeit auf kleingewerbliche Weise betrieben. Eine umfassende industrielle Erschließung dieses Gebietes begann erst in den Jahren der Sowjetmacht. Die hier bekannten Öl- und Gaslagerstätten gehören zum Petschora-Öl- und Gasbecken, das zwischen Ural und Timan liegt. Die Öl- und Gasführung tritt hauptsächlich im Devon und teilweise im Karbon und Perm auf. Dieser Rayon ist dadurch bekannt, daß man das schwere devonische Öl aus Schächten gewinnt. Im benachbarten Gebiet wurden im Devon große Gasakkumulationen entdeckt. Neue Öl- und Gasakkumulationszonen mit Lagern im Karbon und Perm können im Zentralteil und am Ostrand des Beckens aufgefunden werden.

Die Lagerstätten des Ural-Emba-Gebietes gehören zum Nordkaspischen öl- und gasführenden Becken, welches hinsichtlich der Ausdehnung und der Öl- und Gasvorräte das größte der UdSSR ist. Dieses Becken umfaßt den südöstlichen, am stärksten abgesunkenen Teil der Russischen Tafel und das sie im Norden umrahmende, zwischen Wolga und Ural gelegene Gebiet. Im südlichen Teil des Beckens begann die Exploitation von zwei Lagerstätten in den Jahren 1910—1911. In der Gegenwart wird im Gebiet von Gurjew und teilweise im Gebiet von Aktjubinsk, die zur Kasachischen SSR gehören, die Erdölgewinnung auf zahlreichen kleinen Feldern betrieben, die mit Salzkuppelhebungen zusammenhängen.

Das Erdöl wird aus der Permotrias, vorwiegend aber auch aus jurassischen und kretazischen Ablagerungen gewonnen.

Das Gebiet der Nordkaspischen Senke umfaßt im Zusammenhang mit der Absenkung der Kruste verschiedenaltrige Bildungen, große strukturelle Hebungen und Senkungen. Das Intervall der Bitumenbildung und der Öl- und Gasakkumulation ist im Nordkaspischen Becken sehr groß. Im nördlichen Teil dieses Beckens wurde die große industriell bedeutende Erdölführung des Devons nachgewiesen. Ölführend sind hier auch Karbon und Perm.

Die Prognosen über die umfassende regionale Verbreitung zahlreicher Öl- und Gasakkumulationen im Paläozoikum des zwischen Wolga und Ural befindlichen Territoriums wurden vollständig bestätigt. Die Öl- und Gasakkumulationszonen umgrenzen das Nordkaspische öl- und gasführende Becken von Nordwesten, Norden, Nordosten und Osten. Sie erfassen das Territorium der Baschkirischen und der Tatarischen ASSR und die Gebiete Tschkalowsk, Kuibyschew, Saratow und Stalingrad. Baschkirien rückte im Bezug auf die Erdölförderung im Jahre 1955 an die erste Stelle der UdSSR vor und fährt fort, das Tempo hauptsächlich durch Exploitation der Lagerstätte Tuimasy zu steigern. Für die weitere Entwicklung der Erdölförderung besitzt die neue große Lagerstätte von Schkapow im Rayon von Belebei große Bedeutung. Sie weist ähnliche Lagerungsverhältnisse wie Tuimasy auf. Außerdem wurden in Baschkirien noch mehrere kleinere Lagerstätten entdeckt, von denen Leonidowka, Konstantinowka, Tschekmagusch und Orlan hervorzuheben sind.

Auf Grund der Erkundungsergebnisse, die in Baschkirien erzielt wurden, werden auch im Nordosten des Gebiets Tschkalow neue Perspektiven erschlossen. Dort wurde bereits im Devon der Lagerstätte Sultangulowsk Erdöl gefunden.

In der Tatarischen ASSR wurden in den letzten 5 Jahren neue Lager entdeckt; dadurch steht diese Republik hinsichtlich der Erdölvorräte an erster Stelle der UdSSR. Diese wurde im wesentlichen durch eine bedeutende Erweiterung der Lager des größten öl- und gasführenden Feldes der UdSSR, Romaschkino, erreicht. Außerdem wurde noch eine Anzahl von Ölakkumulationen im Devon und Karbon entdeckt. Die Entdeckung des im Rayon Jelabuga gelegenen Öl- und Gasfeldes nördlich der Kama erweitert die territorialen Aussichten für die Öl- und Gasführung Tatariens.

Heute wird allein in Tatarien mehr Erdöl gewonnen als im zaristischen Rußland von 1913. Im Jahre 1960 soll in Tatarien die Erdölförderung das Dreifache der heutigen Förderung von Baku betragen.

Große Bedeutung besaß die Entdeckung einer ganzen Anzahl hochproduktiver Lager im Devon und Karbon des Feldes von Muchanowsk, das südwestlich von Romaschkino im Wolgagebiet von Kuibyschew liegt. Diese Lagerstätte ist offenbar das erste Glied einer neuen großen Öl- und Gasakkumulationszone.

Im Wolgagebiet von Saratow wurde in der allerletzten Zeit die neue große Gasöllagerstätte Stepnowsk mit Lagern im Devon entdeckt. In den bereits früher entdeckten Öl- und Gasakkumulationszonen, die sich am rechten Ufer der Wolga im Gebiet von Saratow hinziehen, wurden die verhältnismäßig kleinen Lagerstätten Gusselka, Gorykinsk, Bogajewsk und andere ermittelt. Weiter südlich, im Gebiet von Stalingrad, wurde die Förderung auf den großen Lagerstätten Shirnowsk und Bachmetjewsk aufgenommen, unlängst wurden die Lagerstätten Korobkowsk und Linewsk entdeckt. Öl und Gas werden hauptsächlich aus dem Mittel- und Unterkarbon und teilweise aus dem Devon gewonnen.

Im Süden der Russischen Tafel wurden paläozoische Öl- und Gasakkumulationen in verschiedenen Teilen der Dnepr-Donez-Senke, die man als selbständiges öl- und gasführendes Becken betrachten kann, aufgefunden. In diesem Becken wurde eine große Zone mit vorwiegend Gasakkumulation im Rayon Schebelina unweit Charkow aufgefunden, eine Anzahl Öllagerstätten wurden im Gebiet von Ssum (Ukraine) und bei der Stadt Mosyrj in Belorußland entdeckt.

Außer den aufgezählten Becken, an welche die in der UdSSR in Exploitation befindlichen Öl- und Gaslagerstätten gebunden sind, ist noch eine Anzahl von Senkungsgebieten bekannt, die als mögliche öl- und gasführende Becken betrachtet werden können. Viele Vorgebirgs- und Zwischengebirgssenken sind in verschiedenem Maße aussichtsreich für die Auffindung neuer öl- und gasführender Becken.

Auf der Russischen Tafel, und zwar in ihrem zentralen Teil, der von einem präkambrischen Fundament unterlagert wird, wurden bereits in gewissem Maße Such- und Erkundungsarbeiten durchgeführt. Obgleich in diesen Gebieten Öl- und Gasakkumulationen bis jetzt noch nicht aufgefunden wurden, ist aber, wie die Untersuchungen der letzten Jahre zeigen, die Möglichkeit nicht ausgeschlossen, neue bedeutende öl- und gasführende Becken zu finden, die mit der Baltischen Senke (der Polnisch-Litauischen Senke), der Mesensker-Kama-Senke und der Senke von Rjasan-Saratow zusammenhängen.

In Sibirien wurden zuerst Erdölanzeichen im Kambrium Jakutiens festgestellt. Wie die Untersuchungen der in Sibirien arbeitenden Geologen zeigen, kann im Gebiet der Lena-Wiljui-Senke ein öl- und gasführendes Becken mit Öl- und Gasakkumulationszonen aufgefunden werden, wobei in manchen Rayons die Lager im Kambrium, in anderen wieder im Mesozoikum liegen.

Die durchgeführten Untersuchungen liefern die Grundlage zu der Erwartung, daß im Gebiet der Westsibirischen Senke, die zwischen dem Ural und der Abdachung der Ostsibirischen Tafel liegt, ein neues, sehr großes öl- und gasführendes Becken aufgefunden wird.

Die erwähnten Senkungsgebiete der Erdkruste, die als mögliche öl- und gasführende Becken betrachtet werden können, sind ihrer Höffigkeit nach durchaus nicht gleich. Ihre Höffigkeit wird vor allem von der Mächtigkeit der in ihnen auftretenden unkonsolodierten Sedimentgesteine bestimmt, durch die Rolle, die diese Gesteine im Profil der möglichen Erdölmuttergesteinsformationen spielen sowie der damit zusammenhängenden Folgen mit guten Speichergesteinen. Beim Auftreten der aufgezählten günstigen paläogeographischen und lithologisch-stratigraphischen Voraussetzungen können innerhalb dieser Folgen Zonen der Öl- und Gasakkumulation ermittelt werden, die sich hinsichtlich der industriellen Bedeutung unterscheiden.

Unter allen in der UdSSR bekannten Senkungsgebieten können die Westsibirische Senke, die Ostkarakumsenke und die Senke von Buchara-Chiwa im Vergleich mit den bereits in Förderung befindlichen öl- und gasführenden Becken als die aussichtsreichsten betrachtet werden.

Zur Ausnutzung der Naturgasressourcen

Neue Gaslagerstätten und große Zonen mit vorwiegend Gasakkumulation wurden in der ganzen Welt gewöhnlich im Verlauf der Such- und Erkundungsarbeiten auf Erdöl entdeckt. Die große Bedeutung des Naturgases für die Brennstoffbilanz der UdSSR wurde erst im letzten Jahrzehnt im Zusammenhang mit der Auffindung großer Gasressourcen in verschiedenen Gebieten des Landes richtig eingeschätzt. Diese Entdeckungen gaben die Möglichkeit zum Bau solcher Ferngasleitungen wie Saratow–Moskau und Daschawa–Kiew–Moskau; ferner wurden die Städte Stalingrad, Stawropol, Krasnodar, Ufa, Kasan, Brjansk, Kaluga, Tschernikowsk, Ordshonikidse und viele andere an die Naturgasversorgung angeschlossen. In den nächsten fünf Jahren wird eine ganze Anzahl neuer Ferngasleitungen gebaut und in Betrieb genommen. Davon ist die große Fernleitung Stawropol—Moskau hervorzuheben, die bald beendet und in Betrieb genommen sein wird, ferner die Fernleitung aus Daschawa nach Minsk und Leningrad, mit Abzweigungen nach Riga und Wilnjus. Gas aus der Lagerstätte Schebelina wird nach Charkow, Kursk, Orjol, Brjansk und anderen umliegenden Städten abgegeben. Von Stawropol aus wird die Gasversorgung des Nordkaukasus, später auch des Transkaukasus organisiert werden. Sehr große Bedeutung für den Ural wird der Beginn der Nutzung des Gases aus der Lagerstätte Berjosowo in Westsibirien besitzen; von dort gelangt das Gas durch eine Leitung nach Swerdlowsk.

Im Zusammenhang mit dem Problem der mit allen Mitteln zu erreichenden Erweiterung der Naturgasversorgung für die Städte wird besondere Aufmerksamkeit auf die Entwicklung zielgerichteter Such- und Erkundungsarbeiten in den Gebieten verwandt, in denen hauptsächlich Gasakkumulationen verbreitet sind.

Im Kaukasusvorland liegen solche Zonen und Lagerstätten bei Stawropol im gehobensten Teil, der das Mittelkaspische und das Asow-Kuban-Becken trennt. Eine ähnliche Ost-West-streichende Gasakkumulationszone liegt im östlichen Kaukasusvorland; sie hängt hier mit einer unterirdischen Strukturbarriere zusammen, welche das Mittelkaspische vom Nordkaspischen öl- und gasführenden Becken scheidet.

Noch aussichtsreicher für die Auffindung großer Gaslager sind das Transwolgagebiet und die Rayons Westkasachstans im Zentralteil des Nordkaspischen Beckens, in denen Gasanzeichen sehr verbreitet auftreten.

Wahrscheinlich ist auch die Auffindung von Zonen mit hauptsächlich Gasakkumulation in Westsibirien, das in vielem dem Nordkaspischen Becken im Bezug auf die Öl- und Gasakkumulationsverhältnisse ähnelt.

Zonen mit vorwiegender Gasakkumulation sind außerdem im Karpatenvorland, im Uchta-Petschora-Becken und im Dnepr-Donez-Becken bekannt.

In der Gegenwart ist das Problem aktuell, in den Erdölgewinnungsgebieten im Südkaspischen Becken die sehr großen Gasressourcen nutzbar zu machen, die sich in mächtigen Eruptionen der Schlammvulkane in Aserbaidshan und in Westturkmenistan äußern.

Zur Vorbereitung der neuen Gasressourcen für die Fernleitungen wird der Umfang der speziellen Such- und Erkundungsarbeiten auf Gas bedeutend vergrößert, und es werden Untersuchungen zur Auffindung der geologischen Gesetzmäßigkeiten in der Verbreitung der Zonen mit vorwiegender Gasakkumulation ausgeführt.

Die Aussichten für die Entdeckung neuer Öl- und Gasakkumulationen in den verschiedenen stratigraphischen Komplexen

Im vorrevolutionären Rußland wurde fast das gesamte Erdöl aus dem Tertiär, hauptsächlich im Kaukasus, gewonnen. In unbedeutenden Mengen wurde Erdöl aus dem Mesozoikum an der Nordküste des Kaspischen Meeres gefördert. Noch geringer war die Erdölförderung aus dem Paläozoikum an der Uchta, auf der Südostabdachung von Timan.

Nach der Wiederherstellung und Rekonstruktion der Erdölindustrie wurde die Aufgabe gestellt, die Sucharbeiten in neuen Rayons zu betreiben und Öl- und Gasressourcen nicht nur aus tertiären, sondern auch aus älteren Schichten in die Förderung einzubeziehen.

Mit der Entdeckung der Lagerstätten zwischen Wolga und Ural am Nordrand des Kaspischen Beckens begann das Erdöl aus dem Paläozoikum eine immer größere Bedeutung zu gewinnen. Die Rolle der paläozoischen erdölführenden Folgen begann besonders nach der Entdeckung der außerordentlich reichen devonischen Erdöllager zu wachsen.

In der Gegenwart steht das Paläozoikum nach Förderung und Vorräten in der UdSSR an erster Stelle. In den nächsten Jahren muß hauptsächlich auf Kosten der devonischen Schichten der paläozoischen Öl- und Gasakkumulationszonen von Baschkirien, Tatarien und dem Wolgagebiet, die am Nord- und Nordwestrand des Nordkaspischen Beckens liegen, ein großer Zuwachs der Ölförderung gewährleistet werden. In diesen und anderen Öl- und Gasakkumulationszonen des gleichen Beckens wird auch die Ölgewinnung aus dem Karbon fortgesetzt. In den Öl- und Gasakkumulationszonen, die sich in den weiter südlich gelegenen Rayons des Nordkaspischen Beckens befinden, ist auch das Perm für die Erhöhung der Förderung sehr aussichtsreich.

Das Paläozoikum bildet auch die Grundlage für weitere Verstärkung der Ölgewinnung im Uchta-Petschora-Becken und im Dnepr-Donez-Becken. Berücksichtigt man die regionale Verbreitung der Brennschiefer und der bituminösen Gesteine im Silur und im Kambrium auf der Abdachung des Baltischen Schildes, so ist es sehr wahrscheinlich, daß darin Öl- und Gasakkumulationen im abgesunkensten Teil des Baltischen Beckens und in der Lettischen SSR, der Litauischen SSR und im Kaliningrader Gebiet entdeckt werden.

Aussichten für eine bedeutende Erweiterung der Erdölförderung aus dem Tertiär sind vorwiegend im Südkaspischen Becken in den Öl- und Gasakkumulationszonen zu erwarten, die in Westturkmenistan, der Kura-Niederung und östlich und südlich der Halbinsel Apscheron liegen.

Im Asow-Kuban-Becken kann eine neue Öl- und Gasakkumulationszone im Zwischenstromgebiet zwischen Kuban und Laba und weiter westlich, am rechten Ufer des Kuban aufgefunden werden.

Im Mittelkaspischen Becken, in den vorgelagerten Antiklinalzonen des Ostteils der Nordabdachung des Kaukasus, können neue Lager im Tertiär nur in den Rayons aufgefunden werden, in denen bereits bekannte Lagerstätten liegen. Außerdem ist die Möglichkeit nicht ausgeschlossen, neue Öl- und Gasakkumulationszonen mit vorwiegend Lagern im Paläogen am Tafelrand der Vortiefe aufzufinden.

Eine neue Etappe intensiver Entwicklung der Erdölförderung in der UdSSR wird weiterhin zweifellos mit der Entdeckung großer Öl- und Gasakkumulationszonen im Mesozoikum in verschiedenen Teilen des Landes verbunden sein.

Im Süden des Nordkaspischen Beckens, im Ural-Emba-Gebiet, befinden sich im Mesozoikum Öl- und Gaslager in den Salzkuppelhebungen. Nördlich des Ural-Emba-Gebiets nehmen die Mächtigkeiten der mesozoischen Ablagerungen, die dann in der Usen-Itschinsker Zone der südlichen Ausläufer der Obstschi Syrt erneut auskeilen, bedeutend zu. Im Mesozoikum treten hier Brennschiefer und bituminöse Ablagerungen auf. Längs dieser Zone ist die Auffindung von Öl- und Gasakkumulationszonen mit Lagern wahrscheinlich, die mit dem Auskeilen des Mesozoikums in Verbindung stehen.

Im Süden verschmilzt das Nordkaspische Becken stellenweise fast mit dem Mittelkaspischen Becken. Die Hauptaussichten für die Auffindung von Öl- und Gasakkumulationen liegen auch hier im Mesozoikum.

Aus dem Gesagten geht hervor, daß die Frage des mesozoischen Erdöls bei der Gewährleistung einer bedeutenden Erhöhung der Erdölgewinnung in der UdSSR am aktuellsten ist. Das hängt damit zusammen, daß die Perspektiven für das Aufsuchen von Öl und Gas in Westsibirien, der Lena-Wiljui-Senke und in einer Anzahl von Rayons am Kaspisee und Mittelasiens im Mesozoikum liegen.

Zielstrebige, auf die Entdeckung neuer großer Öl- und Gasressourcen in den weiten Räumen der UdSSR gerichtete Such- und Erkundungsarbeiten sind mit der umfassenden regionalen Untersuchung des geologischen Aufbaus und der geologischen Schichten großer Bereiche der Erdkruste untrennbar verbunden.

Die wichtigsten Strukturtypen der Gangerzfelder[1]

L. W. GROMOW, Moskau

INHALT

Allgemeines 265
Formen der tektonischen Brüche, die unter der Einwirkung von Druck (Zerrung oder Pressung) entstehen und Erzkörper vom Spaltentyp bilden 266
Typen der Gangstrukturen, die für Erzfelder am charakteristischsten sind 270
1. Erzfelder, bestehend aus vielen Gängen 271
 a) Zwischenschichtstrukturen und Abblätterungsstrukturen 271
 b) Strukturen des „Auffiederns" großer Brüche und Spalten oder Gangstrukturen, die große Brüche (große Spalten) begleiten 272
 c) Kontraktionsstrukturen der Kontaktzonen . . 272
 d) Strukturen, entstanden durch konsolische vertikale Erschütterungen starrer Gebilde 272
 e) Zerstückelungsstrukturen (punktförmige und stockwerkartige Strukturen) 273
 f) Strukturen der Blockverschiebungen großer Bereiche der Erde 274
 g) „Umfließungsstrukturen" beim Auftreten von Streß 274
 h) Diapirstrukturen 274
2. Erzfelder mit einer geringen Anzahl von Gängen 274
3. Erzfelder mit einem Gang 275
Literatur 275

Allgemeines

In den letzten zwei Jahrzehnten befaßten sich die sowjetischen Geologen im verstärkten Maße mit den allgemeinen Fragen der Geotektonik und den damit zusammenhängenden Problemen der Metallogenie, der Erzfelder der Lagerstätten und der Erzbezirke. Ein objektives Kriterium dieser Feststellung ist das umfangreiche Verzeichnis der in der UdSSR in den letzten 15—20 Jahren über diese Dinge veröffentlichten Literatur. A. E. FERSMAN, W. A. OBRUTSCHEW, S. S. SMIRNOW, A. N. SAWARIZKI, D. I. STSCHERBAKOW, A. G. BETECHTIN, I. F. GRIGORJEW, J. A. BILIBIN, M. A. USSOW, W. M. KREJTER, F. I. WOLFSON, W. I. SMIRNOW, W. D. ZAREGRADSKI, K. I. SATPAJEW, N. G. KASSIN, W. P. NECHOROSCHEW und viele andere Geologen schufen in den Jahren der Fünfjahrpläne die Grundlagen der modernen sowjetischen Metallogenie. Sie ermittelten bestimmte Gesetzmäßigkeiten hinsichtlich der Verteilung der endogenen Vererzung, die sich gewöhnlich flächenhaft über größere Räume erstreckt (Zonen, Provinzen und Gürtel). Ihre Untersuchungen gaben die Möglichkeit, in der UdSSR eine feste und zuverlässige Rohstoffbasis für viele Bunt- und seltene Metalle zu schaffen, die die Bedürfnisse der Volkswirtschaft im wesentlichen befriedigt.

Ein kennzeichnendes Merkmal aller bekannten Metallprovinzen besteht darin, daß die meisten an Kontakte strukturgeologischer Einheiten verschiedenen Charakters gebunden sind (Tafelgebiete und orogene Zonen, Vortiefen und Faltenzonen usw.).

Als typische Beispiele sind hier zu nennen: der Mongolisch-Ochotskische Gürtel zwischen der chinesischen und der Aldan-Tafel. Die polymetallische Provinz des Kaukasus und andere Erzprovinzen, die bekanntlich zwischen der russischen Tafel und dem Schwarzmeer-Mittelmeer-Orogen liegen u. a. m.

Einen wichtigen und gesetzmäßigen Einfluß auf die Verteilung der endogenen Vererzung in streng lokalen Bereichen der Erdkruste übt die Seismizität des Gebietes aus. Sie fördert die Bildung zonen- und punktförmiger Deformationen der Erdkruste sowie das Eindringen magmatischer Schmelzen, hydrothermaler Lösungen und Gase aus großen Tiefen. Alle größeren Metallprovinzen nicht nur der UdSSR, sondern auch vieler anderer Länder hängen territorial und genetisch mit alten und rezenten seismischen Zonen der Erde zusammen (Kaukasus, Balkangebiet, Tschuktschen-Halbinsel, Mittelasien, Erzgebirge, Alpen, Karpaten, Anden usw.).

Die engen Zusammenhänge zwischen den erzbildenden Prozessen, den Strukturen der Erzfelder der Lagerstätten und der Erzbezirke mit den ererbten Bewegungszonen, häufig vulkanischen (seismischen) Zonen und Herden besitzen großes wissenschaftliches und praktisches Interesse.

Leider wird in der gegenwärtigen geologischen Literatur diese Frage kaum behandelt. So sind z. B. in den Arbeiten von N. S. SCHATSKI, A. W. PEJWE, W. M. KREJTER, I. F. WOLFSON und anderen bekannten Geologen, die sich mit der Rolle und der Bedeutung der Tiefenbrüche und der Bildung der Strukturen der Erzfelder endogener Lagerstätten befassen, die Seismizität der Lithosphäre und der Vorgang der Erzbildung noch nicht in ein einheitliches, mehr oder weniger harmonisches System gebracht. In Zusammenhang damit entstanden und entstehen die verschiedenartigsten Vor-

[1]) Fortsetzung aus Z. angew. Geol., Bd. 4, H. 2/3, S. 57—59

stellungen und Meinungen über den Charakter und den Bildungsmechanismus endogener Erzlagerstätten. Dieses Durcheinander und das Fehlen einer leitenden Theorie der Erzbildung erschwert natürlich auch die Behandlung der Strukturen der Gangerzfelder der Lagerstätten und Lagerstättenbezirke, eben jenes eng begrenzten Gebietes, mit dem sich die vorliegende Arbeit befaßt.

Es erscheint uns zweckmäßig, die Bildung der Erzfelder nach folgenden Grundsätzen zu behandeln:

1. Alle Erzvorkommen und Lagerstätten der Erde sind an Metallprovinzen (Metallzonen, -gürtel) gebunden, die ihrerseits mit den magmatischen Herden und den Bewegungsgebieten der Erdkruste, die häufig eine erhöhte tektonische Unruhe aufweisen, in engem Zusammenhang stehen.

2. Die Schwächezonen und Tiefenbrüche sind die Hauptstrukturen, die die räumliche Verteilung und den Charakter der Erzspaltenstrukturen bestimmen.

3. Die Erze bilden sich aus magmatischen Schmelzen, wäßrigen Lösungen sowie aus Gasen durch Assimilation und Neuverteilung der Erzkomponenten sedimentärer, metamorpher und eruptiver Gesteine.

4. Die Verteilung der Vererzung in den Spaltenstrukturen erfolgte in Abhängigkeit von Typ und Form der Spalten, ihrer räumlichen Lage, der Zusammensetzung der Nebengesteine, der stratigraphischen Tiefe des Erzabsatzes und durch wiederholte Pulsationen in alten und neuen Spalten.

5. Die überwiegende Mehrzahl der Lagerstätten besteht aus vielen Gängen. Jede Lagerstätte bildet ein kompliziertes System und damit einen Bestandteil des Erzfeldes. Innerhalb der einzelnen Erzfelder können mehrere Lagerstätten auftreten. Die Vererzung kann sich an den Kreuzungsstellen verschiedener Strukturen, an Faltenumbiegungsstellen in ererbten Spalten, beim Übergang in ein anderes Medium, bei schwacher Azidität der Nebengesteine und der Konzentration von Kalifeldspat usw. lokalisieren.

6. Bei der Bildung der Spaltendeformationsstrukturen sind von entscheidender Bedeutung: epirogenetische Bewegungen, Druck und Zusammensetzung der Nebengesteine; diese Faktoren führen zur Zerstörung der Integrität der Erdkruste.

7. Die pulsierende Tätigkeit des inneren Teiles der Erde bedingt nicht selten, daß der Vererzungsvorgang in mehreren Etappen vor sich geht; das führt bisweilen in Ganglagerstätten zur Bildung von zwei, drei und mehr Horizonten mit bauwürdiger Anreicherung des entsprechenden mineralischen Rohstoffs.

8. In den Erzfeldern sind häufig mindestens zwei bis drei Spaltensysteme vertreten; jedoch ist meist nur eines davon vererzt, während die übrigen Erzwanderwege oder die Wanderung des Erzes kontrollierende Wege sind. Die Erzfelder bilden sich häufig aus einander zugeordneten geologischen Strukturen.

9. Die Deformationen des Spaltentyps besitzen in der Erdkruste eine vertikale zonale Anordnung, sie klingen allmählich in großen Tiefen aus. Vor den in der Tiefe liegenden Intrusiven ist eine Zunahme der Klüftigkeit zu beobachten. Dies deutet darauf hin, daß zwischen einigen Deformationen (besonders den mit Einzelmineralien oder Mineralaggregaten ausgefüllten) und den in die Erdrinde eindringenden magmatischen Schmelzen zweifellos ein Zusammenhang besteht.

10. In den Deformationszonen (Schwächezonen) ist die Vererzung am häufigsten an kleine Bruch- oder Scherspalten gebunden, die außerhalb der großen, gewöhnlich erzfreien Brüche liegen, oder an ihnen zugeordneten Spalten.

11. Die Erzspaltenstrukturen können bei den verschiedenartigsten geologischen Verhältnissen auftreten und daher verschiedene Abmessungen und verschiedene Lage im oberen Stockwerk der Erdkruste besitzen.

Durch die aufgezählten Momente wird selbstverständlich die Gesamtheit aller zur Bildung von Gangerzfeldern führenden Verhältnisse und Ursachen nicht erschöpft. Diese Arbeit stellt nur den ersten Versuch des Verfassers dar, die Einzelbeobachtungen vieler Jahre und die verschiedenen aus den Arbeiten sowjetischer und ausländischer Geologen entnommenen Angaben zu einem Ganzen zusammenzufassen.

In den folgenden Abschnitten werden einige der entwickelten Thesen ausführlicher behandelt.

Formen der tektonischen Brüche, die unter der Einwirkung von Druck (Zerrung oder Pressung) entstehen und Erzkörper vom Spaltentyp bilden

Für viele epigenetische Erzlagerstätten besitzen die Formen der tektonischen Brüche, die durch Druck (Zerrung oder Pressung) entstehen, große Bedeutung. Die wichtigsten Strukturen der Gangerzfelder sind hierbei die verschiedenartig ausgebildeten und auf verschiedene Weise entstandenen Spalten, die eine doppelte, manchmal auch eine dreifache Aufgabe erfüllen (Erzwanderwege, Erzverteilungskanäle, Erzhöhlungen usw.).

Die große Formenvielfalt der Gangerzkörper wird durch die vorhergehenden Bruchstörungen bedingt, die auf verschiedene Ursachen zurückzuführen sind. W. W. BELOUSSOW (1952) bezeichnet davon Zerrung, Pressung und Blattverschiebung als die wichtigsten. Auf dieser Basis schuf er eine genetische Klassifikation der Bruchstörungen, die die allgemein anerkannten Vorstellungen der Geologen prinzipiell richtig widerspiegelt.

Wegen ihrer Bedeutung geben wir diese Klassifikation vollständig wieder (Tabelle 1).

Für die Erzlagerstätten vom Gangtyp reicht diese Klassifikation W. W. BELOUSSOWs allerdings nicht aus, sie bringt nicht die Gesamtheit der bekannten Formen und Arten der tektonischen Störungen zum Ausdruck. Dieser Umstand zwang den Verfasser zur Ausarbeitung einer neuen, auf den tektonisch-morphologischen Verhältnissen der Bruchstörungen (Deformationen) begründeten Klassifikation.

Im folgenden wird eine Klassifikation zur Anwendung auf Ganglagerstätten gegeben (Tabelle 2).

In der Natur sind in metallogenetischen Zonen häufig Spalten zu beobachten, die mit verschiedenen Mineralparagenesen ausgefüllt sind; diese bilden nicht selten Gangerzlagerstätten oder sogar ganze Bezirke und Zonen.

Die durch mechanische Einwirkung, in den meisten Fällen durch Druck oder Stoß hervorgerufenen Brüche bestimmten die ursprünglichen Formen der Spalten und Höhlungen in der Erdkruste. Die Vielfalt der Arten ist ungewöhnlich groß. Alle tiefen und oberflächlichen Spalten verdanken ihre Entstehung in den meisten Fällen der mechanischen Einwirkung einer äußeren Kraft auf die Gesteine. Die Form der Spalten hängt jedoch auch noch von der Zusammensetzung der auf Bruch beanspruchten Gesteine ab, von der Schichtung, Schieferung, Transversalschieferung (Clivage) und einer Reihe anderer Ursachen.

In einer metamorphen Schicht entstehen z. B. bei Pressung vorwiegend folgende Formen (Abb. 1):

a) Offene Höhlungen in festen Gesteinen (dies bezieht sich auf kristalline Schiefer, Marmore, Arkosesandsteine usw.);

b) Bruchspalten, nicht selten mit gezackten oder Rißflächen (Gneise, Amphibolite usw.);

c) Spalten nach der Schichtung, Schieferung, Metamorphosierungsebene und nach alten Störungen.

Selbstverständlich kann man in der Natur auch andere Formen der Bruchstörungen in metamorphen Schichten beobachten, die oben angeführten Formen sind jedoch am häufigsten.

Die Formen der Abriß- und Scherspalten in schichtigen, massigen oder lockeren Bildungen sind eigenartig

Tabelle 1

Genetische Klassifikation der Bruchstrukturen (nach W. W. BELOUSSOW, 1952)

1. Tektonische Brüche

Form der Störung	Gewöhnliche Dislokation vor dem Bruch	Typ des Bruches	Mechanische Modifikation des Bruches	Geologische Modifikation des Bruches
Zerrung	Zerrung einer Schicht, die von plastischeren Schichten umgeben ist. Kuppel, Anteklise, Antiklinorien	Spalten	Abriß Abscherung	Verschiebungs- und Biegungsspalten
		Bruchverschiebungen	Abriß	Verschiebung
			Abscherung	Verwerfung Blattverschiebung- Verwerfung Verwerfung-Blattverschiebung
Pressung	Zur Druckrichtung senkrecht verlaufende Falten	Spalten	Abriß	„Bruch"spalten
			Abscherung	Anfangsstadien der Bruchverschiebungen
		Bruchverschiebungen	Abscherung	Überschiebung Blattverschiebung, Blattverschiebung-Überschiebung Überschiebung-Blattverschiebung
Blattverschiebung (im mechanischen Sinn)	Vertikale und horizontale Flexuren	Spalten	Abriß	Fiederartige oder „gekerbte" Spalten
		Bruchverschiebungen	Abscherung Abscherung	Anfangsstadium einer Bruchverschiebung Wechsel Blattverschiebung Wechsel-Blattverschiebungen Blattverschiebungen-Wechsel

2. Neotektonische Brüche

Vorgang	Mechanische Beanspruchung	Bruchtyp	Mechanische Modifikation	Geologische Modifikation
Volumenverringerung des Gesteins (beim Erkalten, bei der Kristallisation, bei Wasserverlust und bei anderen Vorgängen)	Zerrung	Spalten	Abriß	Im allgemeinen Spalten
			Abscherung	Selten
		Bruchverschiebungen	Abscherung	Selten
Verwitterung und Entspannung	Zerrung	Spalten	Abriß	Verwitterungs- u. Entspannungsspalten
Rutschungen und Bergstürze	Zerrung Pressung Blattverschiebung	Spalten Bruchverschiebungen	Abriß Abscherung	Verschiedene Spalten und Bruchverschiebungen
Sonstige Vorgänge fremder Natur (Sprengungen, Stöße, Meteoritenfall u. a. m.)	Zerrung Pressung Blattverschiebung	Spalten- Bruchverschiebungen	Abriß Ascherung	Verschiedene Spalten und Verschiebungen

und unterschiedlich, sowohl bei sedimentären als auch bei eruptiven Gesteinen. Diese Frage wird in vielen Untersuchungen und Aufsätzen behandelt, deshalb wäre es wenig sinnvoll, an dieser Stelle die Tatsachen und Thesen zu wiederholen, die bereits allgemein bekannt geworden sind. Sie wurden außerdem von uns bei der Aufstellung der Klassifikation der tektonisch-morphologischen Typen der wichtigsten Bruchstörungen berücksichtigt.

Die Scherspalten besitzen gewöhnlich Keilform. Sie keilen ziemlich schnell im Fallen aus. In den Erzfeldern

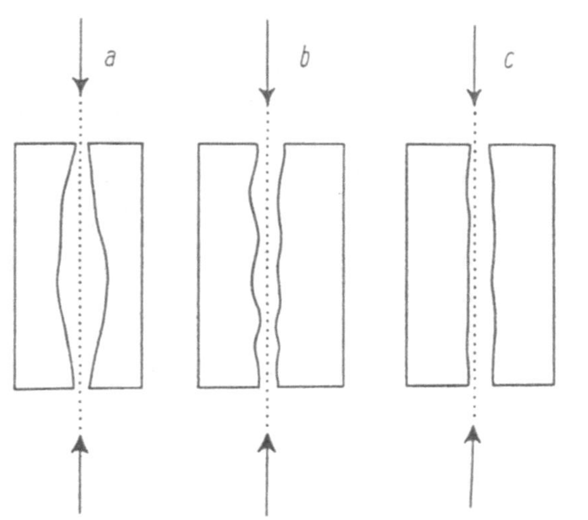

Abb. 1. Formen der Brüche in einer metamorphen Schicht bei Pressung:

a) in festen, schichtigen Gesteinen (Arkosesandsteine, Kalksteine, kristalline Schiefer);
b) in geschieferten, metamorphisierten Schichten (Gneise, Amphibole usw.);
c) nach alten Klüften, Schichten, nach der Schieferung, den Metamorphosierungsflächen.

Tabelle 2

Klassfikation der tektonisch-morphologischen Typen der Bruchstörungen mit Spaltencharakter, die sich bei Druck, Zug oder Blattverschiebung bilden (nach L. W. GROMOW)

Ursache der Bruchbildung	Vorherrschende Form des Bruches	Allgemeine Form des charakteristischen Bruches	Lage des Bruches in der Erdkruste	Verhältnis zu den umgebenden Schichten
1	2	3	4	5
Abblättern bei Druck, Zerrung oder Blattverschiebung	Abblätterungsspalten Scherspalten Bruchfugen	Gerade Gebogen Gewellt Flexurartig	Horizontal Geneigt	Im Innern der Schicht Zwischen den Schichten. Radial Konzentrisch Nach der Schieferung und nach anderen Ebenen
„Auffiedern" großer Brüche, darunter auch Tiefenbrüche, und großer Spalten	Bruchspalten Scherspalten Tektonische Fugen	Gebrochen Gebogen Gerade Verästelt Gebündelt Stufenartig	Vertikal Geneigt	Schneidend Dem Schichtverlauf folgend Nach der Transversalschieferung. Nach der Schieferung
Volumenverminderung der Intrusive beim Erkalten in den Kontaktzonen	Bruchspalten Scherspalten Zerstückelungsfugen	Gerade Gebrochen Verästelt Kulissenartig	Vertikal Geneigt	Radial. Schneidend. Dem Schichtverlauf folgend. Nach der Transversalschieferung Konzentrisch
Vertikalerschütterungen, von Druck begleitet	Tektonische Fugen Scherspalten und Bruchspalten Stockwerke	Rechtwinklig angelegt	Äußerst verschiedenartig	Schneidend Dem Schichtverlauf folgend
Zerstückelung an Stellen tektonischer Stöße	Stockwerk von isometrischer Form Bruchspalten	Verschiedenartigste Bruchverschiebungsformen	Äußerst verschiedenartig, meist eine Gruppe von isometrischer Form	Schneidend — für die Hauptrichtung des Stockwerkes nach der Längsachse
Blockverschiebungen	Zerstückelungsspalten Scherspalten	Gerade Gebrochen	Vertikal Geneigt	Schneidend Dem Schichtverlauf folgend. Nach der Schieferungsebene und anderen Ebenen
Streß bei Auftreten von Widerstand	Abblätterungsspalten Umfließungsspalten	Gebogen Messerartig Kulissenartig	Vertikal Geneigt	Konzentrisch Schneidend
Beim Eindringen eines Intrusivs	Bruchspalten Scherspalten	Gebrochen Gebogen	Äußerst verschiedenartig	Radial. Schneidend. Dem Schichtverlauf folgend

sind die Scherspalten auch im Streichen von unbedeutender Ausdehnung. Sie verlaufen öfter unter einem bestimmten Winkel zu den Bruchspalten, was gewöhnlich durch die Wirkung des Kräftepaares bedingt wird, oder sie verlaufen nach einem rechtwinkeligen Zerstückelungsnetz.

In den Erzfeldern sind häufig sowohl Abrißspalten als auch Scherspalten zu beobachten. Ihre Beziehungen zueinander sind von verschiedener Art und hängen von vielen Ursachen ab. Sie wurden von W. W. BELOUSSOW (1952), W. M. KREJTER (1956), F. I. WOLFSON und anderen Geologen ausführlich beschrieben, daher behandeln wir diese Frage an dieser Stelle nicht. Wir bemerken nur, daß im Idealfall die Abrißspalten die Grundlage des Strukturplanes des Erzfeldes der Lagerstätte oder des Erzbezirkes bilden; die Scherspalten sind im Verhältnis zu ihnen in den meisten Fällen Strukturen höherer Ordnung (Abb. 2). Die Bruchspalten werden durch Druck oder Stoß, Zerrung und Blattverschiebung hervorgerufen (W. W. BELOUSSOW, 1952). Davon besitzen Druck oder Stoß die größte Bedeutung, denn die überwiegende Menge der Spalten entsteht durch Druck, der durch verschiedene Ursachen hervorgerufen wird. In der Natur kommen größere Abscherungen seltener vor als Brüche, denn Zerrungskräfte entstehen im Sial viel seltener.

Nach W. M. KREJTER (1956) wird der Deformationsprozeß von einer Volumenzunahme begleitet. Will man davon ausgehen, dann muß man die Bildung großer Spalten aus gewöhnlich tektonischen Fugen und kleinen meist örtlichen Störungen anerkennen. Die letzteren gehen nicht selten den großen Deformationen voraus, da sie in den oberflächennahen Schichten der Erdkruste Schwächezonen schaffen. Natürlich werden in der Periode der darauf folgenden Regionalbewegung diese Schwächezonen von den großen Störungen in erster Linie benutzt. Damit ist in gewisser Weise die bisweilen zu beobachtende Zonarität der Deformationen zu erklären. Nach den von W. M. KREJTER (1948) ausgearbeiteten Theorien „erlöschen" die kleinen Horizontal- und Vertikalspalten in einer Tiefe von 500—600 m. Der Verfasser dieses Aufsatzes macht allerdings den Vorbehalt, daß sich zum Intrusivkörper hin die Zonarität reziprok verhält, denn mit der Annäherung an ein Eruptivgesteinsmassiv (Batholith, Lakkolith, Stock usw.) nimmt die Zahl der Spalten zu.

Die Praxis bestätigt durchaus nicht immer die Theorie von der Zonarität der Deformationen in den Gangerzfeldern der endogenen Lagerstätten. Man kann eine große Anzahl Beispiele erbringen, die dieser Theorie widersprechen. Ein klassisches Beispiel großer Teufenerstreckung einer Ganglagerstätte ist das polymetallische

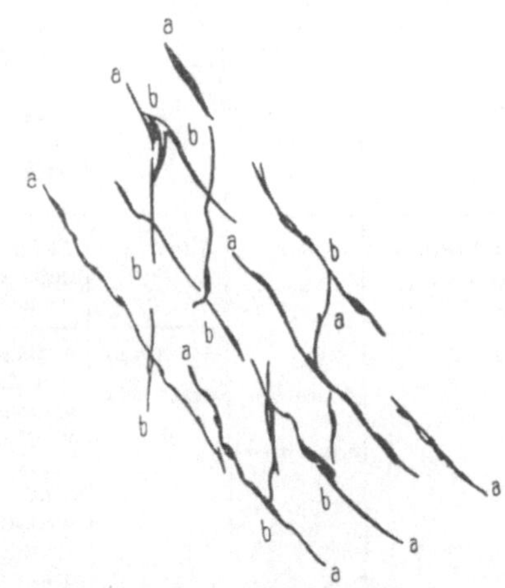

Abb. 2. Das Verhältnis von Abrißspalten (a) und Scherspalten (b) im Normalfall

Erzfeld von Příbram (ČSR), das heute bis zu einer Teufe von 1580 m aufgeschlossen ist; die erzgebirgischen Lagerstätten haben eine Tiefe bis zu 800 m und mehr; eine Golderzlagerstätte in den USA ist auf eine Teufe von über 2000 m aufgeschlossen usw.

Ein charakteristischer Zug der meisten Gangerzfelder besteht darin, daß die Erzgangstrukturen manchmal in größeren Teufen in eine Serie geringmächtiger, schnellauskeilender Trümer, Fugen und feinster Spalten übergehen. In manchen Fällen verzweigt sich das Spaltenbündel nach der Erdoberfläche zu. Die Zerstückelung der Erzstrukturen in der Tiefe ist für Gebiete typisch, in denen Intrusivgesteine auftreten, ferner für Gebiete, in denen sedimentäre und metamorphe Schichten auftreten. Diese Erscheinung kann man in bedingter Weise als ein „Ausklingen" der Spaltenbildung (Deformation) in der Tiefe bezeichnen, aber sie unterscheidet sich naturgemäß von den Leitsätzen der Theorie über die Zonarität der Deformationen.

Die Tatsachen zeigen, daß sich die Spalten (Deformationen) im oberen Teil der Erdkruste unter verschiedenen Umständen der physikalisch-chemischen und der mechanischen Umgebung (lithologisch-petrographischer Typ der Nebengesteine) nicht gleichartig verhalten. Beim Übergang in ein anderes Medium ändert sich gewöhnlich der Charakter der Klüftung. So spaltet sich z. B. eine ausgezeichnet entwickelte Kluft in einer stark metamorphosierten Zone des unteren Paläozoikums am Kontakt mit Graniten in eine Serie kleiner Trümer auf (die gewöhnlich erzfrei sind). Am inneren Kontakt stellt sich die Spalte wieder in Form der gewöhnlichen Struktur mit den gleichen Lagerungsverhältnissen ein (Abb. 3). Die Auftrümerung der Spalten erfolgt beim Wechsel sedimentärer und metamorpher Gesteine mit stark unterschiedlichen physikalisch-mechanischen und chemischen Eigenschaften. So klingt beim Übergang aus kristallinen in plastische Massen die Spalte schnell aus, oft sogar ohne merkliche Auftrümerung. In Karbonatgesteinen nimmt die Klüftung am Kontakt mit Intrusiven oder Effusiven die verschiedenartigsten Auftrümerungsformen an, was für Verdrängungserscheinungen beim Erzbildungsvorgang einen günstigen Faktor darstellt. Im Streichen besitzen die Spalten beim

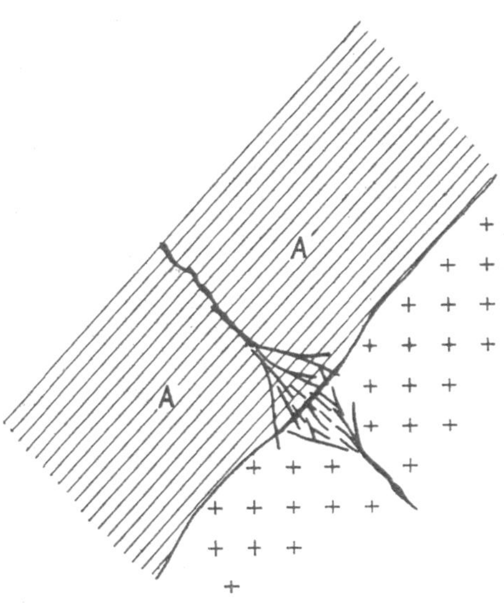

Abb. 3. Zerstückelung eines Erzganges am Kontakt beim Übergang aus metamorphen Schiefern (A) in Granite (B) (schematisch). Südböhmen

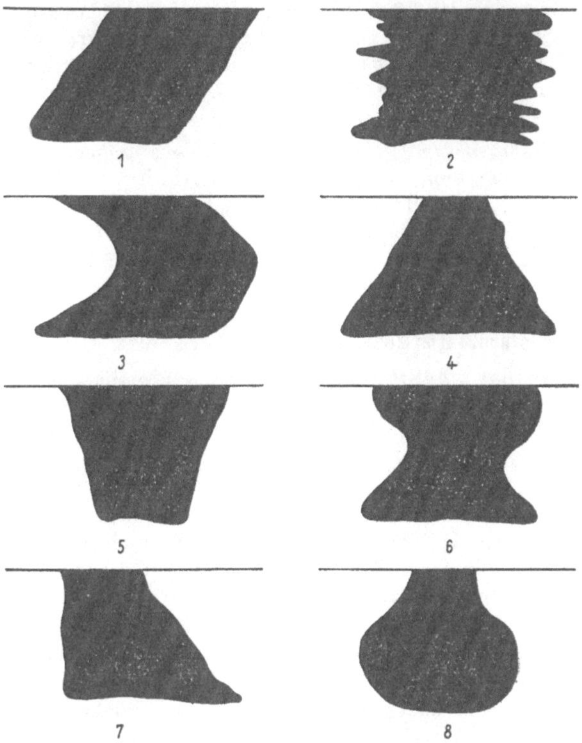

Abb. 4. Einige Formen der Gangspaltenstrukturen (vertikale Profile in der Ebene der Erzgänge, schematisch). Die Erklärung wird im Text gegeben

Auskeilen ebenfalls verschiedenartige Formen. Am häufigsten sind Aufblätterungen in Trümer und Fugen zu beobachten, die nach oben oder unten geneigt sind, mit schartigen Enden und andere Arten (Abb. 4). Für die allgemeine Betrachtung kann man folgende Formen beim Auskeilen der Spaltenerzstrukturen (bei der Betrachtung im Vertikalprofil nach der Gangebene) ausschneiden:

1. Beide Flanken der Struktur sind nach einer Seite geneigt. Veränderungen der Gangfläche sind nicht zu beobachten.

2. Beide Flanken der Struktur sind schartig. In diesem Falle bleibt die Fläche praktisch auch unverändert.

3. Der Gang besitzt eine wechselnde Neigung beider Flanken. Die Gangfläche bleibt praktisch unverändert.

4. Beide Flanken zeigen ungleichnamige Neigung bei Vergrößerung der Gangfläche nach der Tiefe zu.

5. Beide Flanken zeigen ungleichnamige Neigung mit Abnahme der Gangfläche nach der Tiefe.

6. Beide Flanken besitzen ungleichnamige wechselnde Neigung, unter Beibehaltung der mittleren Flächenparameter des Ganges (bei normaler Lagerungstiefe).

7. Beide Flanken besitzen im Gegensatz zu Fall 6 ungleichnamige wechselnde Neigung unter Beibehaltung der mittleren Gangparameter (bei normaler Lagerungstiefe).

8. Eine Flanke besitzt vertikales oder nahezu vertikales Einfallen, die andere neigt sich nach dieser oder jener Seite, dementsprechend mit Zunahme oder Abnahme der Gangfläche.

Die beschriebenen Fälle erschöpfen natürlich nicht die ganze Vielfalt der Veränderungen der Erzstrukturen im

Streichen. Im Grundriß können wir allmähliches Auskeilen, Aufblätterung in zwei oder mehr Trümer, einen allmählichen Übergang in eine dünne, auf weite Entfernung zu verfolgende Fuge, die Bildung eines Endes, „Pferdeschwanzes" usw. beobachten.

Nicht selten kommen in Erzfeldern zugeordnete Spaltensysteme vor, die komplizierte Erzstrukturen bilden. Ihre Bildungsbedingungen, Anordnungen und Formen gehorchen denselben Gesetzen, die für Strukturen mit nur einem Gang charakteristisch sind.

Typen der Gangstrukturen, die für Erzfelder am charakteristischsten sind

In der UdSSR wurden die ersten Klassifikationen der Strukturen der Erzfelder und Lagerstätten von I. F. WOLFSON (1955) und W. M. KREJTER (1948, 1956) ausgearbeitet. Die eine beruht auf den morphologischen Typen der Lagerstätten, die vom Verhältnis der Spaltenstrukturen zu den genetischen Typen der Lagerstätten abhängen. Die zweite geht von der Betrachtung des Verhältnisses der Typen der Hauptstrukturen zu den endogenen Lagerstätten aus. Wir verweilen bei der zweiten Klassifikation (Tabelle 3).

Nach Ansicht W. M. KREJTERs gibt dieses System die Möglichkeit, damit die wichtigsten Strukturen und Formen der endogenen Lagerstätten zu erfassen. Die große Vielfalt der kombinierten Strukturen (Spalten und Zwischenschichtöffnungen, Bruch- und Abscherstrukturen, Spaltensysteme usw.) sind für viele Erzfelder charakteristisch. Diese These ist auf alle Fälle als richtig anzuerkennen.

Vor der Darlegung unserer Meinung betrachten wir kurz die Grundlagen der Klassifikation W. M. KREJTERs. In den Faltenstrukturen dieser Klassifikation werden Lagergänge ausgeschieden (Grube Pokrowski in Transbaikalien), die Zwischenschichtlagerstätten in den Spaltenflanken bilden. Für die Bruchstrukturen sind Bewegungsvorgänge charakteristisch: tiefliegende Gänge vom Typ der Erzstöcke für Lagerstätten in großen Aufschiebungszonen (Mother Lode in Kalifornien, Kirkland Lake in Kanada). Gangförmige Lager, kompliziert gebaute Gänge, begleitet von Stöcken in Lagerstätten, die an große Verwerfungszonen gebunden sind (Comstock Lode in Nevada, Guanajuato in Mexiko). Gänge mit komplizierter Anordnung der Erzstöcke bei Lagerstätten mit geringen Blockverschiebungen und Verwerfungsbeträgen (Kuludshun im Altai, Stalinsk in Sichote-Alin). Komplizierte Gänge mit Auftrümerung, Zonen und Bereiche der Zerstückelung bei Lagerstätten mit Verwerfungen geringer Sprunghöhe (Tschauwai in Ferghana, Penin in England, Pachuca in Mexiko). Siehe Tabelle 4.

Tabelle 3

Haupttypen der Strukturen der Erzfelder (nach W. M. KREJTER)

Wichtigste kontrollierende Strukturen	Nebengesteine	Beispiele
1	2	3
I. Faltenstrukturen	Sedimentäre (und effusive) Gesteine	Erzfeld von Nikitowsk (Donbaß) Erzfeld von Leninogorsk (Altai) Erzfeld von Alexandrowsk (Kasachstan)
II. Verschiebungsstrukturen a) Überschiebungen (Wechsel) und Blattverschiebungen	Sediment- und Eruptivgesteine	Erzfelder von Nertschinsk- Sawodsk und Kadainsk (östliches Transbaikalien)
b) Verwerfungen	Sediment- und Eruptivgesteine	Mexikanische Silber-Lagerstätten
III. Spalten- (und Clivage-) strukturen	Sediment- und Eruptivgesteine	Erzfeld von Chaiptscheranga (östliches Transbaikalien)
	Intrusivgesteine	Erzfeld von Balachtschino (Chakassien)
IV. Kombinierte Strukturen	Sediment- und Eruptivgesteine	Erzfeld von Tereksk-Kissansk (Mittelasien)

Tabelle 4

III. Spaltenstrukturen (nach W. M. KREJTER)

Anordnung der Lagerstätte im Verhältnis zur Struktur	Hauptformen	Beispiele
1. Lagerstätten in Scherspalten eines Systems	Einfache und sich verästelnde Gänge in Spalten einer Richtung	Sredne-Ipatinsk (Bureja) Schachtoma (östliches Transbaikalien), Lifudsin (Sichote-Alin)
2. Lagerstätten in Scherspalten von zwei Systemen	Einfache und sich verästelnde Gänge in zwei Spaltensystemen	Zensk (Kaukasus), Aktschetau (Kasachstan)
3. Lagerstätten in Scherspalten von drei und vier Systemen	Einfache und sich verästelnde Gänge in drei und vier Spaltensystemen	Kabuta (Altai), Kotschkar (Ural)
4. Lagerstätten in Scherzonen	Komplizierte Gänge, oft mit Stockwerken, „Scherzonen"	Chaiptscheranga (östliches Transbaikalien)
5. Lagerstätten in kleinen Bruchspalten	„Gekerbte" Gänge, einfache Gänge	Eldorado (Jenissej-Gebirge), Karassuk (Chakassien)
6. Lagerstätten in Brüchen, die mit einer linearen Orientierung in Intrusiven zusammenhängen	Sich verästelnde Gänge, bisweilen schalenartige Gänge	Balachtschino (Chakassien) Cinvald (ČSR)
IV. Mikrospalten — Clivage — Strukturen		
1. Lagerstätten in Schieferungszonen und bei Auftreten von Fließclivage	Gangartige komplizierte Zonen	Pyschma-Klutschewsk und Ak-Tasch (Ural)
2. Lagerstätten in Bereichen und Zonen, in denen Mikroklüftigkeit und Bruchclivage entwickelt sind	Netzartige Gänge, Stockwerke	Podlunny golez (Chakassien) Tarboldshej (östliches Transbaikalien)

Röhrenförmige und andere komplizierte Strukturen, die in der Klassifikation von W. M. KREJTER auftreten, haben zu den Strukturen der Gangerzfelder keine direkte Beziehung.

Die Klassifikation enthält leider nicht das so wichtige Element wie die Ursachen für die Entstehung einer Deformation. Darin besteht ihr wesentlichster Mangel.

Wir denken, daß praktisch alle Erzfelder endogener Lagerstätten oder Erzbezirke ein gemeinsames und sehr wichtiges Merkmal besitzen, nämlich die obligatorische Kombination verschiedenartig ausgebildeter und verschiedenartig entstandener Spaltenstrukturen. Ausnahmen von dieser Regel sind so unbedeutend, daß man sie praktisch vernachlässigen kann.

Wir gelangten zu dem Schluß, daß es notwendig und zweckmäßig ist, die Klassifikation der Erzfelder vom Gangtyp bedeutend zu vereinfachen. Die Vielfalt und die verschiedene räumliche Orientierung der Spaltenstrukturen, die komplizierten Wechselverhältnisse zwischen ihnen und dem Vererzungsvorgang, die kontinuierlich-diskontinuierliche Entwicklung der tektonischen Bewegungen innerhalb der Schwächezonen der Erdkruste und eine Anzahl anderer Faktoren ergeben die Möglichkeit, folgende Typen von Gangerzfeldern zu unterscheiden:

1. Erzfelder, bestehend aus vielen Gängen;
2. Erzfelder mit einer geringen, beschränkten Anzahl von Gängen;
3. Erzfelder mit einem Gang.

Eine derartige Unterteilung entspricht durchaus begründet den Tatsachen und geht aus den Unterlagen der Praxis hervor. Die von uns durchgeführte Vereinfachung besitzt nicht nur praktische, sondern auch theoretische Bedeutung. Ihr wesentlichster Vorzug ist ihre Einfachheit, die damit den wesentlichen Gehalt, den Sinn des Begriffes „Erzfeld" wiedergibt. Zugleich reicht sie für praktische Zwecke vollkommen aus, hauptsächlich für die Wahl und Begründung der Erkundungsmethode.

1. Erzfelder, bestehend aus vielen Gängen

Dieser Begriff bedarf keiner besonderen Erläuterung. Man versteht darunter einen lokalen Bereich der Erdkruste, in dem Spalten verschiedener Richtung, Teufe und Lage umfassend auftreten, die bisweilen zu verschiedenen Zeiten durch Einwirkung verschiedener äußerer Kräfte (Druck, Zug und Blattverschiebung) gebildet wurden. In derartigen Bereichen gibt es gewöhnlich viele Dutzende, bisweilen auch Hunderte verschiedenartiger Gänge mit verschiedenen Lagerungselementen.

Die aus vielen Gängen bestehenden Erzfelder endogener Lagerstätten und Erzbezirke sind auf der Erde in großem Umfang entwickelt. Sie bilden sich gewöhnlich in metamorphen Schichten, massigen Eruptivgesteinen und sogar in jungen Gesteinen, die in verschiedenem Grade metamorphosiert worden sind. Derartige Bildungen sind sowohl für die alten präkambrischen und altpaläozoischen Gebiete als auch für die jüngeren labilen Gebiete (seismischen Gebiete) der Lithosphäre typisch. Die Strukturen der aus vielen Gängen bestehenden Erzfelder sind vielfältig und kompliziert, in erster Annäherung kann man folgende Formen unterscheiden, die am meisten verbreitet sind (Abb. 5):

1. Zwischenschichtstrukturen und Abblätterungsstrukturen;
2. Strukturen der „Auffiederung" großer Brüche und Spalten;
3. Kontraktionsstrukturen der Kontaktzonen (Pressungsstruktur der Kontaktzonen);
4. Strukturen, die durch konsolische vertikale Erschütterungen starrer Bildungen entstehen;
5. Zerstückelungsstrukturen (punktförmige und stockwerkartige Strukturen);
6. Strukturen, entstanden durch große Blockverschiebungen;
7. „Umfließungsstrukturen" beim Streß;
8. Diapirstrukturen.

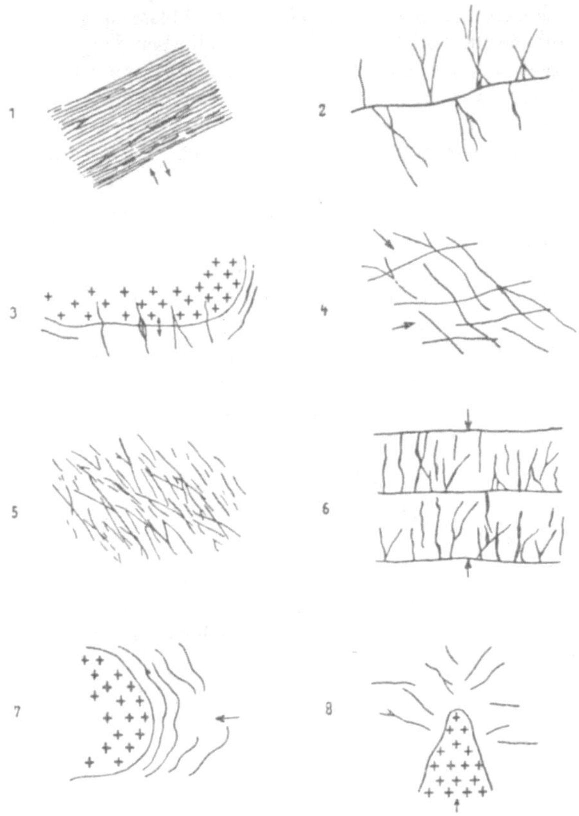

Abb. 5. Formen der verbreitetsten Strukturen der aus vielen Gängen bestehenden Erzfelder

Jede der aufgezählten Formen besitzt Modifikationen, die durch den Charakter der Bewegungen und ihre Anzahl, die Zusammensetzung der Gesteine, die Lagerungsverhältnisse, die Anwesenheit von Widerstand usw. bedingt werden.

Die aus vielen Erzgängen bestehenden Erzfelder besitzen immer praktisches Interesse. Sie sind der wichtigste abbauwürdige Typ der Erzfelder. Eine große Anzahl von Beispielen für Erzfelder, die aus vielen Gängen bestehen, ist allgemein bekannt. Dazu können gerechnet werden: der Wolfram-Erzbezirk von Belucha-Bukuka (östliches Transbaikalien), der Uran-Erzbezirk am Großen Bärensee (Kanada), die Erzzone von Karamasara (Mittelasien), der Erzbezirk von Motschegorsk (Halbinsel Kola), das Erzfeld von Freiberg und andere Erzfelder Sachsens usw.

Wir behandeln kurz die einzelnen Strukturformen der aus vielen Erzgängen bestehenden Erzfelder.

a) Zwischenschichtstrukturen und Abblätterungsstrukturen

Sie sind charakteristisch vorwiegend für schichtige (geschieferte) sedimentäre und metamorphe Gesteine. Die Haupterzform ist der Lagergang (Zwischenschicht) oder eine Serie paralleler Gänge, die allmählich nach der Seite der Schicht hin an Mächtigkeit und Länge abnehmen. Bisweilen sind Gänge mit Übergängen (Umbiegungen) von einer Schicht in eine andere zu beobachten (flexurartig). Sie verleihen dem Gang die Kompliziertheit, die sich bei häufiger Abblätterung und Zerkleinerung der Hauptschicht herausbildet.

Häufig ist bei der Bildung einer verdickten Form des Erzkörpers an der Grenze zwischen festen sandigen und karbonatischen Schichten die Metasomatose beteiligt.

Verschiebungen in den schichtigen Ablagerungen sind eine recht übliche Erscheinung. Hierbei zeigen sich Strukturfugen, die für die Mylonitisierung entweder der Erzsubstanz oder der Nebengesteine charakteristisch sind. Bei großen Verschiebungen bilden sich Reibungsbrekzien. Die Spalten erweitern sich nicht selten, dadurch ergeben sich günstige Hohlräume für die Erzbildung.

Bei bedeutender Abblätterung der Gesteine in antiklinalen Faltungsstrukturen bilden sich bisweilen sattelartige Gänge, die metasomatisch oder durch gewöhnliche Ausfüllung der Klufthohlräume mineralisiert werden (abgeschirmte Gänge, segmentartige Gänge usw).

Die Zwischenschicht- und Abblätterungsstrukturen sind in den Erzfeldern einer Anzahl Metallprovinzen weit verbreitet (östliches Transbaikalien, Kaukasus, Altai, Colorado usw.).

b) Strukturen des „Auffiederns“ großer Brüche und Spalten oder Gangstrukturen, die große Brüche (große Spalten) begleiten

In Metallprovinzen, die an Randzonen von Faltengebieten gebunden sind, und in einer Anzahl anderer Fälle sind nicht selten verschiedenartig geformte, verschieden große und verschiedenartig gelagerte Spalten zu beobachten, die von den großen Brüchen und großen Spalten ausgehen. Es handelt sich um Einzelspalten, doppelte und dreifache Spalten, verzweigte, tannenbaumartige und andere. Ihre Länge erreicht bisweilen 1 km und sogar mehr, im Durchschnitt beträgt sie 500—600 m. Die Mächtigkeit ist recht unterschiedlich, gewöhnlich übersteigt sie aber selten einen Meter.

Zwei Varianten des Auftretens dieser Strukturen sind möglich: entweder vor der Bildung oder nach der Bildung des Bruches oder der großen Spalte.

Im ersten Fall geht die Zerstückelung des Bereichs der Bildung einer neuen großen Struktur voraus, die senkrecht zu den früher angelegten kleinen Spalten verläuft. Diese bereiten gewissermaßen den Bereich vor, machen ihn zur Schwächezone, die die weitere Zerstückelung begünstigt. Es ist klar, daß die Richtung der Kräfte, die einen neuen größeren Abriß hervorrufen, in diesem Fall anders sein muß, als im ersten Fall (Abb. 6).

Verbreiteter sind die „Fieder“strukturen, die während oder nach der Bildung großer Brüche oder großer Spalten entstehen und von kleineren Störungen begleitet werden. Sie verdanken ihre Entstehung den Bewegungen, die zur Bildung der großen Störung geführt haben, oder sekundären Dislokationen disjunktiven Charakters. In beiden Fällen sind die Ursachen für die Bildung des Bruches und der ihn begleitenden Spalten die gleichen.

Erzfelder dieses Typs sind im nördlichen Kasachstan, im Altai, im östlichen Transbaikalien, in den Karpaten, im Erzgebirge und an vielen anderen Stellen der Erde weit verbreitet.

c) Kontraktionsstrukturen der Kontaktzonen

Man bezeichnet diese Strukturen auch als Pressungsstrukturen der Kontaktzonen, gewöhnlich der äußeren Kontakte von Eruptivgesteinsmassiven. Sie werden durch drei Hauptformen gekennzeichnet (Abb. 7):

Durch typische, den Kontakt schneidende Spalten kontraktionärer Entstehung, durch Abblätterungsspalten im äußeren Kontakt und seltener im inneren Kontakt des Massivs und schließlich durch kleine Spalten, die durch Zerstückelungserscheinungen am Kontakt entstanden sind.

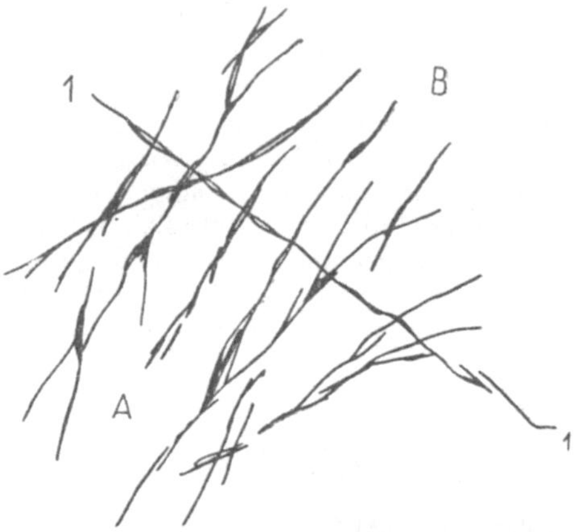

Abb. 6. Bildung eines großen Bruchs (einer großen Spalte) quer zum Streichen der kleinen Klüftung infolge Schwächung dieses Bereichs. Die Dislokationen erfolgen häufig an der Linie 1—1, wodurch der Teil A oder der Teil B an seinem Platz verbleibt, der andere sich dementsprechend bewegt, nicht selten zerstückelt wird und seine Gestalt stark verändert

In den meisten Fällen werden die den Kontakt schneidenden Abriß- und Pressungsklüfte durch gradlinige Strukturen mit unbedeutenden Verzweigungen (Apophysen) vertreten. Sie besitzen bedeutende Ausdehnung, wenn sie nicht durch jüngere Störungen abgeschnitten werden. Diese Spalten werden mehrere hundert Meter mächtig, die Lagerungstiefe entspricht der Länge und sogar mehr.

Die Abblätterungsspalten sind kennzeichnend für die äußeren Kontakte der Intrusive, besonders beim Auftreten einer äußeren Druckbeanspruchung. In diesem Fall bilden sich bisweilen säbelartige Gänge, gebogene Gänge, die die Umrisse des Kontaktes wiederholen usw. — Bisweilen ist zu beobachten, daß diese Gänge originelle Anzeichen für das Vorhandensein eines von der Erosion noch nicht angeschnittenen Intrusivkörpers sind (Lifudsin, im fernöstlichen Gebiet der UdSSR).

Diese Klüfte zeichnen sich durch große Erstreckung (bis 600—800 m) und bedeutende Tiefe aus. Ihre Mächtigkeit bewegt sich im Durchschnitt zwischen 0,20 und 0,8—1,0 m. Am äußeren Kontakt des Intrusivmassivs bilden sich manchmal Bereiche intensiver Zerstückelung. In diesem Fall sind kurze Spalten zu beobachten, die chaotisch durcheinander liegen, aber gewöhnlich innerhalb der Grenzen des Generalstreichens der Hauptgangstrukturen bleiben. Ihre Länge geht selten über 100 m hinaus, ihre Tiefe beträgt 100—150 m. Die Mächtigkeit erreicht selten 1 m. Klassische Vertreter dieses Typs sind das Erzfeld der polymetallischen Lagerstätte von Přibram (ČSR), die Lagerstätte Karasuk (im Süden des Gebietes Krasnodar) u. a.

d) Strukturen, entstanden durch konsolische vertikale Erschütterungen starrer Gebilde

In der Natur erfolgt die Spaltenbildung häufig an den Randzonen großer starrer Gebilde (z. B. am Rande des Aldan-Massivs in Jakutien, des Böhmischen Massivs in Zentraleuropa, des Ostsajanischen Gebirges usw).

Derartige Strukturen werden charakterisiert durch eine im allgemeinen orthogonale Spaltenanordnung, durch tektonische Fugen, durch bedeutende Ausdehnung und Aushalten im Streichen und nach der Tiefe. Bei gleichzeitigen oder nachfolgenden Bewegungen, bei einseitigem oder zweiseitigem Druck nehmen die Klüfte oder Fugen unter Beibehaltung des Gesamtplanes häufig die Form eines Parallelogramms an.

Die Struktur der vertikalen Erschütterung verdankt ihre Entstehung den vertikalen und den wellenförmigen Bewegungen des starren Fundaments, das bisweilen mit einem Ende eingespannt ist. Man kann es durchaus gerechtfertigt als Struktur einer konsolischen Platte bezeichnen. Der mechanische Sinn der Bildung von Störungen in verschiedenen Teilen des starren geologischen Gerüstes ist leicht erklärbar. Bei der Periodizität der Bewegungen nimmt natürlich die Anzahl der Spalten im bereits gestörten Teil zu. Infolgedessen erneuert die pulsierende Tätigkeit der Unterkrustenschicht (in Form von Gasbündeln und Hydrothermen) allmählich die Struktur durch neue Anteile von Erzmaterial. Die Struktur ist günstig für eine in vielen Etappen erfolgende Vererzung und die Schaffung eines aus mehreren Stockwerken bestehenden Erzfeldes. Wenn die Struktur aus verschiedenen Schichten oder aus Übergängen petrographischer Varietäten gebildet wird, dann entstehen bisweilen mehrere produktive Vererzungshorizonte.

Die Strukturen der Erzfelder der konsolischen geologischen Bildung sind in bestimmtem Maß in den Erzfeldern des Böhmischen Massivs (ČSR), den Golderzlagerstätten von Aldan und anderen stabilen Bereichen der Erdkruste entwickelt.

e) Zerstückelungsstrukturen (Punktförmige und stockwerkartige Strukturen)

Sie sind charakteristisch für Bereiche der Erde, die tektonischen Stößen unterliegen. In seismischen Zonen (Mittelasien, Kaukasus, Alpen usw.) sind auch jetzt noch öfter Fälle tektonischer Stöße in lokalen Bereichen der Erdkruste zu beobachten, die wahrscheinlich durch Zerfallsprozesse in der Unterkrustenschicht hervorgerufen werden. In früherer Zeit waren diese Stöße weiter verbreitet, und sie übertrafen die rezenten hinsichtlich ihrer Intensität beträchtlich.

Unter dem Begriff „tektonischer Stoß" wird hier ein von unten nach oben augenblicklich wirkender oder sich mehrfach wiederholender punktförmig wirkender Druck von großer Intensität verstanden, der eine äußerst starke Erschütterung eines lokalen Bereichs der Kruste bewirkt.

Während eines solchen Stoßes, besonders eines auf das Fundament eines starren, konsolidierten geologischen Körpers gerichteten, entwickeln sich in diesen Gesteinen „Sterne" aus großen und kleinen Spalten verschiedener Richtungen, die ein ganzes System miteinander verflochtener Abrisse, Abscherungen, Blattverschiebungen usw. bilden.

Besonders gut entwickeln sie sich in relativ spröden Gesteinen, z. B. in Effusiven (Wantschin im fernöstlichen Gebiet der UdSSR). Beim Auftreten eines seitlichen Drucks wird die durch einen tektonischen Stoß hervorgerufene Klüftigkeit im allgemeinen gerichtet, obwohl einzelne Spalten die verschiedenartigsten Lagerungselemente aufweisen. Natürlich ist ein Teil davon nicht zu Ende entwickelt (die kleinen Spalten), während ein anderer Teil im Gegensatz dazu überentwickelt (hypertrophiert) ist. Am häufigsten werden an Stellen tektonischer Stöße Massive und Schichten homogen-spröder Gesteine (granitoider, effusiver, altmetamorpher Schichten usw.) der Zerstückelung unterworfen. Die schichtigen plastischen Gesteine erfahren bei tektonischer Einwirkung keine starken Veränderungen; die Stöße werden durch die Elastizität der Schichten aufgefangen.

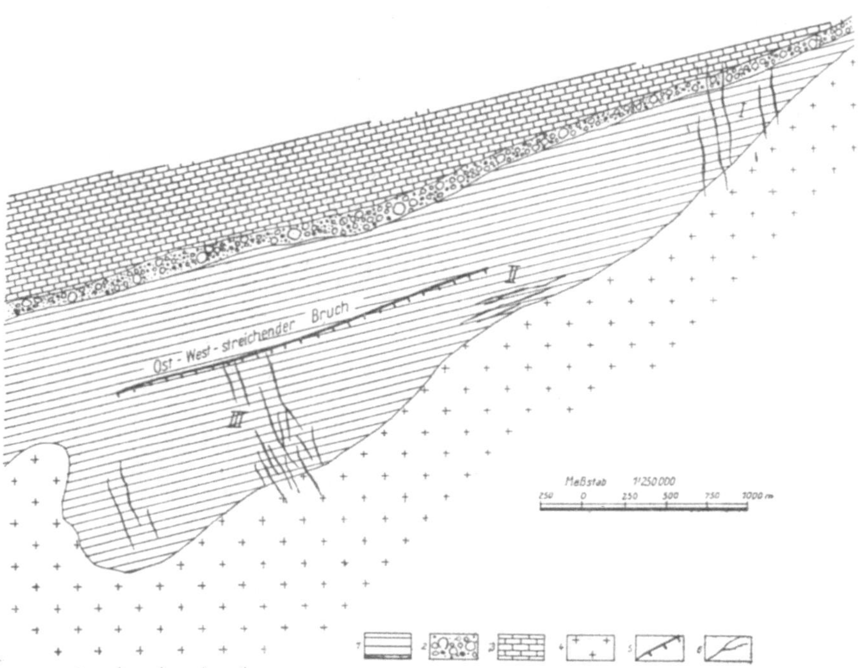

Abb. 7. Mineralisierte Spalten dreier Systeme innerhalb eines Erzfeldes längs des nordwestlichen Exokontaktes einer großen varistischen Granitintrusion

I – typische Kontraktionsspalten
II – Abblätterungsspalten
III – Zerstückelungsspalten
1 – Metamorphe algonkische Gesteine
2 – Basalkonglomerat
3 – Kambrium
4 – Granite
5 – Tektonische Störungen
6 – Erzgänge

Die durch verschiedene Vorgänge auf lokalen Bereichen der Erde hervorgerufene tektomagmatische Tätigkeit bedingt häufig die Bildung von Erzlagerstätten an den Stellen der tektonischen Stöße. Bisweilen sind in den Erzfeldern sogenannte „Erzspinnen" zu beobachten; hierbei handelt es sich um ein System von in geringer Tiefe regellos angeordneten Erzgängen. Häufiger sind die Fälle einer netzartigen Zerstückelung von Granitstöcken. Charakteristisch sind röhrenförmige Bildungen.

Derartige Strukturen sind in den Erzfeldern vieler endogener Lagerstätten und Erzbezirke bekannt. Dazu kann man zählen: das Erzfeld von Sorr (Batenewski-Gebirge — ein Ausläufer des Kusnezker Alatau), das Kupfer - Molybdän - Erzfeld von Kysyk-Tschadr-Tuwa, die Greisenstöcke der Granite von Slavkov (westlicher Teil der ČSR) und viele andere Erzlagerstätten.

f) Strukturen der Blockverschiebungen großer Bereiche der Erde

Sie sind kennzeichnend für Tafelgebiete, starre plattenartige Einheiten und intramontane Tröge. Man unterscheidet zwei Typen der Spaltenbildungen:

a) Frühzeitig entstandene Spalten, in den meisten Fällen ausgedehnt, geradlinig, ziemlich mächtig; sie verlaufen fast immer parallel zueinander und senkrecht zur Verschiebungsebene. Bisweilen bilden sich derartige Strukturen bei Brüchen regionalen Charakters. In beiden Fällen kann die Spaltenbildung von einer Erzbildung begleitet werden. Die Strukturen sind hinsichtlich der Vererzung günstig und höffig.

b) Neueste Strukturen, die sich durch Blockverschiebungen und infolge der durch diese Bewegungen hervorgerufenen Erschütterungen bilden. Typisch für einen derartigen Strukturtyp sind die kleinen Klüfte und Fugen, die in den randlichen Teilen der Blöcke liegen. Montangeologisch besitzen sie fast keine praktische Bedeutung.

Die Erzfelder Westböhmens, die Kupfer-Molybdän-Lagerstätten der Chakassisch-Minussinsker Senke und einer Anzahl anderer Gebiete und Lagerstätten besitzen Blockverschiebungsstrukturen.

g) „Umfließungsstrukturen" beim Auftreten von Streß

Diese Strukturen bilden sich beim Auftreten von Widerstand und bei anhaltendem Druck. Bekannt sind zahlreiche Fälle einer Bildung der verschiedenartigsten Formen gebogener Gangstrukturen. Ein allgemeiner Charakterzug dieser Strukturen ist ihre säbelartige, manchmal segmentartige Form (Abb. 8). Die Länge der Spalten reicht von Dutzenden bis zu Tausenden von Metern. Es überwiegen die kleinen Klüfte, die selten länger als 600—800 m werden. Im vorliegenden Fall sind Abriß- und Abscherspalten möglich; im letzten Fall sind ihre Abmessungen unbedeutend, besonders im Fallen.

Die Erzfelder, die sich in diesen Fällen bilden, bestehen typischerweise aus vielen Gängen und verlaufen in den meisten Fällen parallel zu den Kontakten. Dies erleichtert das Aufsuchen der Erzgänge in allen Perioden der geologischen Erkundungsarbeiten.

Ein charakteristischer Vertreter dieses Typs ist das Revier Molotow der Lagerstätte Lifudsin im fernöstlichen Gebiet der UdSSR. Einige Lagerstätten Europas und Amerikas zeigen ebenfalls diese Strukturen.

h) Diapirstrukturen

Sie sind hauptsächlich aus Erdölgebieten bekannt (Emba-Gebiet u. a.). Erst in letzter Zeit wurden Diapirstrukturen in Mittelasien auf der Lagerstätte Tschekurak nachgewiesen (F. I. WOLFSON, 1953), ferner im Kaukasus auf der Lagerstätte Tarny-Aus (nach Angaben von W. M. KREJTER, 1956) und in einigen anderen Erzbezirken des Landes. Im Zusammenhang damit wurden sie bisher wenig untersucht.

Diapirstrukturen werden durch die vorwiegende Entwicklung von Scherklüften gekennzeichnet, die durch das Eindringen eines Fremdkörpers hervorgerufen werden. Seltener bilden sich Abrißklüfte, gewöhnlich in den unteren Teilen der Schichten, die der Einwirkung ausgesetzt sind.

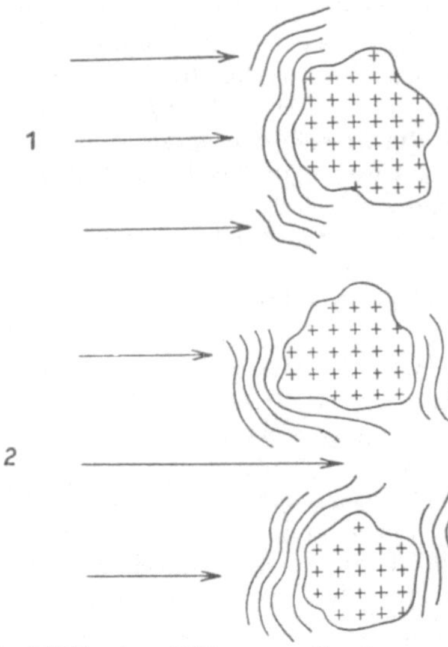

Abb. 8. Zwei Fälle einer Bildung von Strukturen, die Granitmassive umfließen. Diese Massive dienen hier als Widerlager. Der Druck erfolgt in beiden Fällen frontal.

1 — Die Struktur umfließt das Massiv und bildet gebogene Spalten
2 — Als Widerlager dienen zwei Granitmassive, zwischen denen sich eine „Einquetschung" bildet; die Strukturen umfließen die Massive und reißen von den Massiven ab

Die räumliche Anordnung der Klüfte in den Gesteinen ist äußerst verschiedenartig. Gewöhnlich liegen sie zum Fremdkörper hin geneigt, wobei sie in den meisten Fällen linsenförmige Körper oder gewöhnliche gradlinige Gänge bilden. Die Abmessungen der Klüfte sind unbedeutend, ihre Anzahl ist groß.

In den Erzfeldern, in denen kleine Intrusionen entwickelt sind, müssen unvermeidlich Diapirstrukturen entstehen. Ohne gründliche Untersuchung des Lagerstättenbezirkes kann man sie leicht für „Umfließungsstrukturen" halten.

Bei einem metallführenden Intrusiv bilden die Diapirstrukturen der Erzfelder von Ganglagerstätten und Erzbezirken im Intrusiv selbst abbauwürdige Teile. Am inneren Kontakt des Intrusivs tritt die Vererzung bisweilen in Form von Einsprenglingen und Linsen auf.

2. Erzfelder mit einer geringen Anzahl von Gängen

In vielen Metallprovinzen treten die Erzfelder gewöhnlich mit einer geringen Anzahl von Gängen auf. Sie bilden sich bei den verschiedensten geologischen Verhältnissen: in Sedimentgesteinen, metamorphen Bildungen und Intrusivgesteinsmassiven verschiedener Zusammensetzung und verschiedenen Alters.

Die Strukturen der Erzfelder dieses Typs exogener Lagerstätten werden durch eine große Vielfalt gekennzeichnet. Am typischsten sind folgende:

1. Strukturen gefalteter Zonen sedimentärer und sedimentärmetamorpher Gebilde;
2. Bruchspaltenstrukturen;
3. Blattverschiebungsstrukturen;
4. Zerstückelungsstrukturen;
5. Kontaktstrukturen oder Pressungsstrukturen.

Jede dieser Gruppen besteht aus einer Anzahl von Modifikationen, die von den geologisch-strukturellen, petrographischen, mineralogischen und sonstigen Verhältnissen der verschiedenen Metallprovinzen und der einzelnen Erzbezirke abhängen.

Oben wurden bereits die wichtigsten Typen der Strukturen von Gangerzfeldern endogener Lagerstätten und Erzbezirke beschrieben. Die Typen der Erzfelder mit einer geringen Anzahl von Gängen gleichen ihnen, deshalb werden sie hier nicht beschrieben.

Viele Erzfelder mit einer geringen Anzahl von Erzgängen sind wirtschaftlich von Bedeutung, und sie werden seit langer Zeit erfolgreich abgebaut. Das erklärt sich durch eine Reihe von Ursachen und vor allem dadurch, daß die Lagerungselemente aushalten, sich die Form der Erzkörper und ihr stofflicher Bestand im Streichen und Fallen wenig verändert, ferner durch die Gleichartigkeit der Nebengesteine.

Die geringe Ganganzahl der Erzfelder ist gewöhnlich durch einen flachen Erosionsanschnitt bedingt. Daher sind diese Gänge nach der Tiefe hin zuverlässiger. Gleichzeitig treten in der Tiefe dieser Erzfelder nicht selten bisher verborgene abbauwürdige Erzfelder auf.

Zu dieser Gruppe gehört eine große Zahl von Erzlagerstätten der UdSSR, Europas, Amerikas und anderer Länder. Als Beispiele seien hier genannt:

Das kristalline Erzfeld in Sichote-Alin, der Lagerstättenbezirk von Nertschinsk-Sawodsk (östliches Transbaikalien), die Lagerstätte Zejsk im Kaukasus, Cinvald (ČSR) usw.

3. Erzfelder mit einem Gang

Dieser Typ ist weniger verbreitet als die oben beschriebenen. Diese Erzfelder bilden sich meist an großen tektonischen Störungen, an Kontaktzonen, zwischen den Schichten (nach der Schieferung bzw. nach den Umwandlungsebenen) der Gesteine. Am günstigsten für die Bildung großer Erzgänge sind offene Spalten, Dykes.

Die Strukturen dieser Erzfelder sind in der Regel geradlinig, die Lagerungselemente halten aus, sind relativ einfach gebaut. Einzelne mineralisierte Spalten können eine große Lagerstätte schaffen. Innerhalb eines Erzbezirkes sind bisweilen mehrere dieser Einzelstrukturen bekannt.

Klassische Vertreter dieses Typs sind:

Der Quarzhauptgang in der ČSR, Pechtelsgrün in der DDR usw.

Literatur

ABDULLAJEW, CH. M.: Der genetische Zusammenhang zwischen Vererzung und Intrusion. – Nachr. Akad. Wiss. Usbek. SSR, 1950.
APRODOW, W. A.: Die Rolle der Klüftung in den Spätphasen der Plutonbildung. – Nachr. Akad. Wiss. UdSSR. Geol. Ser., Nr. 6, 1943.
ARCHANGELSKI, A. D., N. S. SCHATSKI u. a.: Kurzer Abriß der geologischen Struktur und der geologischen Geschichte der UdSSR. – Nachr. Akad. Wiss. UdSSR, 1937.
BAUMAN, W. I.: Zur Frage der Verwerfungen, Blockverschiebungen und anderer Störungen von Gängen. – Mitt. Berginst., Bd. 1, Nr. 1, 1907.
BELITZKI, A. A.: Klassifikation der tektonischen Brüche und geometrische Methoden zu ihrer Untersuchung. – Gosgeolisdat, Moskau 1952.
BELOUSSOW, W. W.: Die tektonischen Brüche, ihre Typen und ihr Bildungsmechanismus. – Abh. Geophys. Inst. Akad. Wiss. UdSSR, Nr. 17, 1952.
– Grundfragen der Geotektonik. – Gosgeolisdat, 1954.
BELOUSSOW, W. W. & K. I. KUSNEZOW: Zum Problem der physikalischen Bedingungen bei der Bildung tektonischer Brüche. – Nachr. Akad. Wiss. UdSSR, geograph. u. geophys. Reihe, Bd. VIII, Nr. 6, 1949.
BETECHTIN, A. G., F. I. WOLFSON, A. N. SAWARIZKI, D. S. KORSCHINSKI, O. D. LEWIZKI & W. A. NIKOLAJEW: Grundprobleme der Lehre von den magmatogenen Erzlagerstätten, 2. Auflage. – Institut für geologische Wissenschaften der Akademie der Wissenschaften der UdSSR, Verlag der Akademie der Wissenschaften der UdSSR, Moskau 1955.
BETECHTIN, A. G.: Klassifikation der Strukturen und Texturen der Erze. – Nachr. Akad. Wiss. UdSSR, Geol. Ser., Nr. 2, 1937.
– Zur Frage der Untersuchung der Erzlagerstätten. – Nachr. Akad. Wiss. UdSSR, Geol. Ser., Nr. 2, 1939.
– Mineralogie. – Gosgeolisdat, 1950.
– Der gegenwärtige Stand und die nächsten Aufgaben der Erzlagerstättenuntersuchung. – Sowjetische Geologie, Bd. 43, 1955.
BILIBIN, J. A.: Probleme der metallogenetischen Evolution der Geosynklinalzonen. – Nachr. Akad. Wiss. UdSSR, Geol. Ser., Nr. 4, 1948.
BOGDANOW, A. A.: Die Diskordanztypen und ihre Bedeutung bei Untersuchungen. – Nachr. Akad. Wiss. UdSSR, Geol. Ser., Nr. 2, 1949.
BUROW, P. P. & N. N. KUREK: Die Ridder-Gruppe der polymetallischen Lagerstätten im Altai. – Buntmetalle, Nr. 3–6, 1939.
CHABAKOW, A. W.: Der Ural nördlich des Polarkreises und seine Beziehungen zu anderen Faltungsgebieten. – Verlag der Hauptverwaltung des Nördlichen Seeweges, Moskau – Leningrad 1946.
CHAIN, W. E.: Über den kontinuierlich-diskontinuierlichen Verlauf der tektonischen Prozesse. – Nachr. Akad. Wiss. UdSSR, Geol. Ser., Nr. 6, 1950.
DOMARJOW, W. S.: Unterscheidungsmerkmale hydrothermaler und metamorpher Lagerstätten. – Ber. Akad. Wiss. UdSSR, Bd. 98, Nr. 3, 1954.
FERSMAN, A. E.: Die Aussichten für die Auffindung von Bodenschätzen auf dem Territorium der UdSSR. – Verlag der Akad. Wiss. UdSSR, Leningrad 1932.
– Geochemie. – Bd. I–IV.
GORSCHKOW, G. P.: Die Seismizität Tadshikistans. – Probleme Tadshikistans, Nr. 1, 1933.
GORSHEWSKI, D. I. & W. N. KOSARENKO: Einige Gesetzmäßigkeiten bei der Verteilung polymetallischer Provinzen und Provinzen mit seltenen Metallen. – Ber. Akad. Wiss. UdSSR, 1955.
GRIGORJEW, I. F.: Der Zusammenhang zwischen Vererzung und Intrusivgesteinen. Vortrag auf der Hauptversammlung der Abteilung geologisch-technische Wissenschaften der Akad. Wiss. UdSSR am 9. Juni 1948. – Nachr. Akad. Wiss. UdSSR, Geol. Ser., Nr. 6, 1948.
GROMOW, L. W.: Einige Züge der Metallogenie des äußersten Nordostens des Europäischen Teils der UdSSR. Enthalten in dem Buch „Probleme bei der Schaffung und Entwicklung einer Kohlen- und Hüttenbasis im Petschoragebiet“. Rat zum Studium der produktiven Naturkräfte bei der Akademie der Wissenschaften der UdSSR, Bd. 2, Moskau 1956.
GUREWITSCH, G. I.: Die sogenannte „mechanische Analyse“ in der geologischen Literatur. – Nachr. Akad. Wiss. UdSSR, Geophys. Ser., Nr. 3, 1954.
JELISSEJEW, N. A.: Die Strukturverhältnisse der Erzfelder der transbaikalischen Molybdänlagerstätten. – Sowjetische Geologie, Bd. 26, 1947.
KOROLJOW, A. W.: Wiederholte Brüche in Spaltenerzgängen. – Sowjetische Geologie, Nr. 8–9, 1938.
– Der Stand der Vorstellungen über Genese und Lokalisierungsverhältnisse der postmagmatischen Lagerstätten Mittelasiens. Abhandlungen des Geologischen Instituts bei der Akademie der Wissenschaften der Usbekischen SSR, Nr. 2, 1948.
– Die Abhängigkeit der Zonarität und Vererzung von der Bildungsfolge der Strukturen von Erzlagerstätten. – Nachr. Akad. Wiss. UdSSR, Geol. Ser., Nr. 1, 1949.
KOROLJOW, A. W. & W. E. POJARKOW: Einige Merkmale der Spaltenerzstrukturen und Probleme bei ihrem Aufsuchen in der Tiefe. – Mitteilungen der Usbekischen Filiale der Mineralogischen Gesellschaft der Sowjetunion, Nr. 4, 1953.
KORSHINSKI, D. S.: Die Bildung der Kontaktlagerstätten. – Nachr. Akad. Wiss. UdSSR. Geol Ser., Nr. 3, 1945.
KOSERENKO, W. N.: Grundlegende geologische Gesetzmäßigkeiten bei der Verteilung und dem Charakter der endogenen Erzlagerstätten auf dem Territorium des mittleren Teils des westlichen Tienschan. – Abhandlungen des Moskauer Instituts für Buntmetalle und Gold. Metallurgisdat, Nr. 43, 1947.
KOTLJAR, W. N.: Einige Probleme bei der Untersuchung der Strukturen von Erzfeldern. – Probleme der sowjetischen Geologie, Bd. VI, Nr. 6, Moskau – Leningrad 1936.
KOTSCHUROW, W. B.: Die Beziehungen zwischen den Erzlagerstätten Zentralkasachstans und den Faltenstrukturen. – Sowjetische Geologie, Bd. 1, 1944.
KREJTER, W. M.: Zur Klassifikation der Strukturen der Erzfelder und Lagerstätten. – Sowjetische Geologie, Nr. 6, 1941.
– Einige Grundfragen bei der Untersuchung der Strukturen von Erzfeldern und Lagerstätten. – Sammelbd. „Geologie und Bergbau“, Metallurgisdat Nr. 13, 1947.
– Die Strukturen der Erzfelder und Lagerstätten. – Gosgeoltechisdat, 1956.
KUSNEZOW. E. A.: Die Tektonik des Mittelural. – 1941.
KUSNEZOW, W. A.: Grundzüge der tektonischen Entwicklung des Südens des altaiisch-sajanischen Gebirgsgebietes. – Abhandlungen der Westsibirischen Filiale der Akademie der Wissenschaften der UdSSR, Nr. 12, 1957.
LJALIN, P. W.: Die Beziehungen zwischen Erzgängen, tektonischen Störungen und Dykes am Beispiel der Kupfer-Nickel-Lagerstätte von Montschegorsk. – Sowjetische Geologie, Nr. 53, 1956.
LOMONOSSOW, M. W.: Über die Erzstellen- und -gänge und ihre Auffindung, Teil II. In dem Buch „Über die Erdschichten“ u. a. Arbeiten zur Geologie. – Gosgeolisdat, 1949.
MAGAKJAN, I. G.: Erzlagerstätten. – Gosgeoltechisdat, Moskau, 1955.
MAGNIZKI, W. A.: Über den möglichen Charakter der Deformationen in den tiefen Schichten der Erdkruste und der Subkrustalschicht. – Bulletin der Moskauer Gesellschaft der Naturforscher, Bd. XXIII/2, 1948.
MARSCHANOW, A. SH.: Die Struktur des Erzfeldes und die Methode zu ihrer Untersuchung. – Nachr. Akad. Wiss. Kasach. SSR, Nr. 12, 1948.
NECHOROSCHEW, W. P.: Die Gesetzmäßigkeit in der Verteilung der Erzlagerstätten des Altai. – Sowjetische Geologie, Nr. 29, 1947.
NIKOLAJEW. N. I.: Die rezenten tektonischen Bewegungen auf dem Territorium der UdSSR und die geologischen Methoden zu ihrer Untersuchung. – Abhandlungen der Beratung über Methoden zur Untersuchung der Bewegungen und Deformationen der Erdkruste. Geodäsisdat, 1948.
OBRUTSCHEW, W. A.: Erzlagerstätten. – Vereinigter Wissenschaftlich-technischer Staatsverlag (ONTI), 1935.
– Die Pulsationshypothese der Geotektonik. – Nachr. Akad. Wiss. UdSSR, Geol. Ser., Nr. 1, 1940.
– Grundzüge der Kinetik und Plastik der Neotektonik. – Nachr. Akad. Wiss. UdSSR, Geol. Ser., Nr. 5, 1948.
PEJWE, A. W.: Tiefenbrüche in Geosynklinalgebieten. – Nachr. Akad. Wiss. UdSSR, Geol. Ser., Nr. 5, 1945.
– Die Asymmetrie der tektonischen Tiefenstrukturen des Ural-Tienschan-Orogens und die Entstehung seiner Virgationen. – Bulletin der Moskauer Gesellschaft der Naturforscher, Abt. Geologie, Nr. 5, 1947.
– Allgemeine Charakteristik, Klassifikation und räumliche Anordnung der Tiefenbrüche. Die wichtigsten Typen der Tiefenbrüche. 1. Aufsatz. – Nachr. Akad. Wiss. UdSSR, Geol. Ser., Nr. 1, 1956.
PEK, A. W.: Klufttektonik und Strukturanalyse. – Akad. Wiss. UdSSR, 1939.
– Einige Fragen der Klufttektonik in der Grubengeologie. – Sowjetische Geologie, Nr. 2, 1947.
– Ein Fall einer klar ausgeprägten Abhängigkeit des Vererzungsgrades von der lithologischen Zusammensetzung der Nebengesteine. – Aus dem Buch „Akademiemitglied D. S. BELJANKIN zum 70. Geburtstag und zum 45jährigen Jubiläum seiner wissenschaftlichen Tätigkeit“. Verlag der Akademie der Wissenschaften der UdSSR, 1950.

POPOW, W. I.: Über die Kontinuität der tektonischen Bewegungen. – Verlag des Kabinetts der Wissenschaften der Usbekischen SSR, Taschkent 1935.
SACHAROW, G. E.: Zur Frage der Klassifikation von Lagerstätten mineralischer Rohstoffe. – Nachr. Akad. Wiss. UdSSR, Geol. Ser., Nr. 5, 1953.
SAUKOW, A. A.: Geochemie. – Gosgeolisdat, 1950.
SAWARIZKI, A. M.: Einige Fakten, die bei tektonischen Konstruktionen berücksichtigt werden müssen. Nachr. Akad. Wiss. UdSSR, Geol. Ser., Nr. 2, 1946.
SCHATSKI, N. S.: Über Tiefendislokationen, welche Tafeln und Faltengebiete umfassen (Wolgagebiet und Kaukasus). – Nachr. Akad. Wiss. UdSSR, Geol. Ser., Nr. 5, 1948.
SEMENENKO, N. P.: Die Strukturen der Erzfelder der Eisenerzlagerstätten von Kriwoi Rog. – Akademie der Wissenschaften der UdSSR, Kiew 1948.
SMIRNOW, S. S.: Abriß der Metallogenie des östlichen Transbaikalien. – Gosgeolisdat, 1944.
– Der pazifische Erzgürtel. – Nachr. Akad. Wiss. UdSSR, Geol, Ser., Nr. 2, 1946.
– Einige allgemeine Probleme der Erzlagerstättenuntersuchung. – Nachr. Akad. Wiss. UdSSR, Geol. Ser., Nr. 5, 1946.
SMIRNOW, W. I. & W. A. ZAREGRADSKI: Der Nordosten Asiens, seine Metallogenie und Zinnführung. – Nachr. Akad. Wiss. UdSSR, Geol. Ser., Nr. 5, 1937.
SMIRNOW, W. I.: Die Erzgürtel. – Fragen der theoretischen und angewandten Geologie, Nr. 1, Moskau 1947.
– Über einige Probleme der Theorie von der Bildung magmatogener Erzlagerstätten. – Nachr. d. Mineralogischen Gesellschaft der Sowjetunion, Bd. 84, Nr. 1, 1955.
SORSKI, A. A.: Der Bildungsmechanismus kleiner Strukturformen in metamorphen archaischen Schichten.
TETJAJEW, M. M.: Geotektonik der UdSSR. – ONTI, 1938.
– Die Tektonik der Erzfelder vom Gangtyp. – Probleme der sowjetischen Geologie, Nr. 8–9, 1940.
TULTSCHINSKI: Die Zukunft des Kupferbergbaus in Altai. – Nachr. der Bergbau- und Goldindustrie, Nr. 3–6, 1904.
USSOW, M. A.: Phasen und Zyklen der Tektogenese. – Sowjetische Geologie, Nr. 11, 1938.
– Strukturgeologie. – Gosgeolisdat, 1940.
WOLFSON, F. I.: Erzstöcke und Spaltenstrukturen. – Arbeiten des Moskauer Institut für geologische Erkundung (MGRI), 1947.
– Die Beziehung der Vererzung endogener Lagerstätten zu großen tektonischen Störungen. – Nachr. Akad. Wiss. UdSSR, Geol. Ser., Nr. 6, 1948.
– Probleme bei der Untersuchung hydrothermaler Lagerstätten. – Verlag der Akademie der Wissenschaften der UdSSR, 1952.
– Die Strukturen der endogenen Erzlagerstätten. – Sammelband „Grundprobleme bei der Untersuchung magmatischer Erzlagerstätten. Verlag der Akademie der Wissenschaften der UdSSR, 1953.
– Einige Fragen der Spaltentektonik. – Lehrstuhl für Geologie und Lagerstättenerkundung beim Polytechnischen Allunionsinstitut für Fernstudium, Moskau, 1954.
WOLFSON, F. I. & L. P. LUKIN: Einige Ergebnisse bei der Untersuchung der Strukturen von Erzlagerstätten in der UdSSR. – Nachr. Akad. Wiss. UdSSR, Geol. Ser., Nr. 1, 1948.
– Probleme der Untersuchung von Erzfeld- und Lagerstättenstrukturen (Sammelband). – Abhandlungen des Instituts für geologische Wissenschaften bei der Akademie der Wissenschaften der UdSSR, Nr. 162, 1955.

Die Braunkohlenlagerstätten in Polen und die Aussichten ihrer Erkundung[1)]

E. CIUK, Warszawa

Polen verfügt über zahlreiche Braunkohlenlagerstätten, von denen die bedeutendsten im zentralen, westlichen und südwestlichen Landesteil liegen. Sie wurden in der Zeit vor dem zweiten Weltkrieg fast gar nicht ausgebeutet, weil der Heizwert der Braunkohle im Vergleich zur Steinkohle viel zu gering war und die geologischen und bergbautechnischen Verhältnisse oft ungünstig waren. Besondere geologische Erkundungsarbeiten auf Braunkohle wurden nicht durchgeführt, lediglich bei Bohrungen zum Aufsuchen von Wasser wurden neue Braunkohlenvorkommen entdeckt. Braunkohle wurde nur bei sehr günstigen Verhältnissen gewonnen. 1913 betrug die Förderung 221000 t. Seitdem ging sie bis auf 20000 t im Jahre 1938 zurück. Braunkohlenbriketts wurden nicht hergestellt.

Nach dem zweiten Weltkriege änderten sich die Verhältnisse vollkommen. In den Westgebieten wurden bedeutende Braunkohlenlagerstätten erschlossen, die heute von den Gruben „Lubań“, „Kaławsk“, „Henryk“, „Babina“, „Maria“, „Smorgóry“, „Sieniawa“, „Turów“ und „Konin“ abgebaut werden. Von 1945 bis 1955 wurden in Polen folgende Braunkohlenmengen gefördert: (in 1000 t):

1945	3646,0	1951	4899,2
1946	4172,4	1952	5075,8
1947	4766,0	1953	5633,3
1948	5040,7	1954	5908,6
1949	4621,4	1955	6044,8
1950	4835,6		

Durch Inbetriebnahme von vier Brikettfabriken („Lubań“, „Babina“, „Smogóry“ und „Konin“) wurden von 1945 bis 1955 folgende Brikettmengen hergestellt (in 1000 t):

1945	4,6	1951	165,3
1946	40,8	1952	140,5
1947	41,7	1953	158,2
1948	113,6	1954	142,8
1949	166,5	1955	182,9
1950	164,7		

[1)] Aus „Geologische Rundschau“ (polnisch), Nr. 5/1957; gekürzt.

Nach dem zweiten Weltkrieg nahm auch die Zahl der niedergebrachten Bohrmeter beachtlich zu, wie aus nachstehender Übersicht hervorgeht:

Jahr	Geologisches Institut Bohrmeter	Ministerium für Kohlenbergbau Bohrmeter	Insgesamt Bohrmeter
1946	–	931	931
1947	–	6518	6518
1948	–	42774	42774
1949	–	59201	59201
1950	400	25831	26231
1951	350	28022	28372
1952	1825	20870	22695
1953	7671	31216	38887
1954	5294	31260	36554
1955	5686	70056	75742
1956	12395	18462	30857
	33621	335141	368762

Mit Hilfe dieser Untersuchungen wurden durch das Geologische Institut bis Ende 1956 16 Braunkohlenlagerstätten nachgewiesen, von denen zwei voraussichtlich im Tagebau abgebaut werden können. Es sind das die Lagerstätten Władysławów-Chylin zwischen Konin und Turek und Józefina (umbenannt „Adamów“) nordöstlich von Turek. Im weiteren Verlaufe wurden noch Braunkohlenlagerstätten bei Koźmin südlich von Koło, bei Ochle westlich von Koło, bei Uniejów südöstlich und Drzewce südwestlich von Koło nachgewiesen. Die Ausbeutung des Vorkommens von Głowaczów („Marysin“) ist noch ungeklärt. Die nach „Turów“ zweitgrößte polnische Braunkohlenlagerstätte ist die von Rogóźno in Zentralpolen nördlich von Łódź, bei der eine Gewinnung der Kohle im Tagebau wegen der schwierigen Lagerungs- und Wasserverhältnisse noch fraglich ist. Die übrigen Lager sind wie die bereits obenangeführten nach Kategorie C_2 erkundet und eingestuft. Die Lagerstätten von Kobielice, Brzezie, Lubraniec, Włocławek und Piotrków Kujawski liegen in Kujavien in der Nähe von Włocławek und könnten im Tiefbau gewonnen werden. Die drei Vorkommen von Gostynin, Łowicz und Sierskowola in der Wojewodschaft Warszawa und Teile

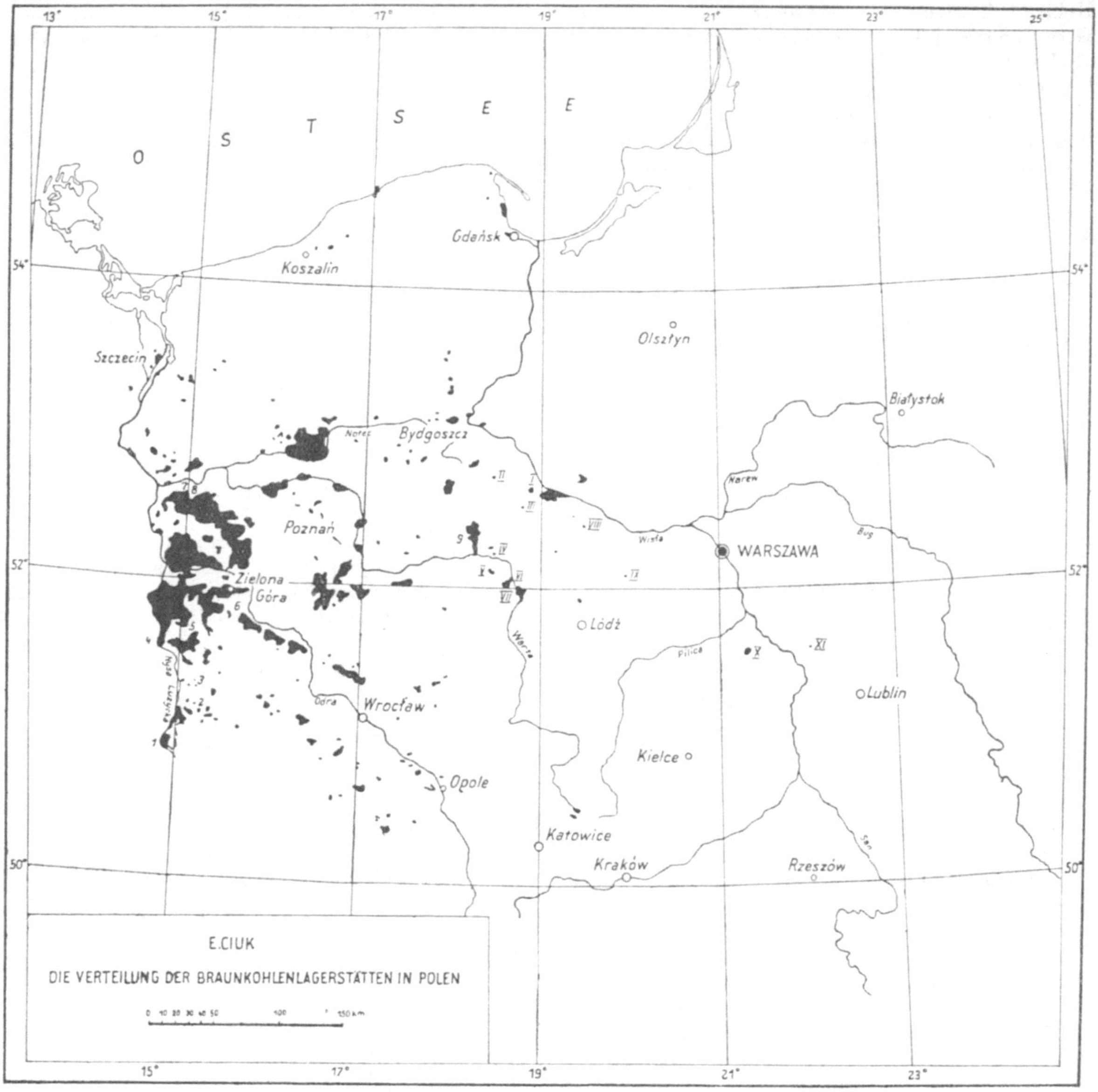

der Lagerstätte von Zarzewsko südwestlich von Konin besitzen Außerbilanzvorräte.

Die Vereinigte Braunkohlenindustrie im Ministerium für Kohlenbergbau bohrte fast nur in bereits bekannten Gebieten, in denen schon Lagerstätten abgebaut werden; somit wurden für neue Bergbaubetriebe ausreichende Vorräte bereitgestellt. In kleinerem Umfange wurde im Grünberger Bezirk (Drogomin, Długoszyn, Buczyna), im Raum der Vorsudeten (Zapomniana), aber auch in neuen Gebieten, z. B. in Radomierzyce südl. Zgorzelec, gebohrt. Außerdem wurden von der Ver. Braunkohlenindustrie zahlreiche Bohrungen dort niedergebracht, wo die Braunkohlenlagerstätten vom Geologischen Institut schon in die Kategorie C_2 eingestuft worden waren (Władysławów – Chylin, Józefina, Główaczów, Rogóźno). Wegen der Unrentabilität von Untertagebetrieben wurden keine weiteren Erkundungsbohrungen mehr durchgeführt.

Für alle Braunkohlenwerke und erwähnten Gebiete werden geologische Dokumentationen ausgearbeitet bzw. ist ein Teil schon fertiggestellt.

Die Stratigraphie und Tektonik der Braunkohlenlagerstätten

Stratigraphisch lassen sich die polnischen Braunkohlenlagerstätten in zwei große Gruppen aufgliedern: a) mesozoische, b) känozoische Lagerstätten. Zu den mesozoischen gehören die in den unterjurassischen oder Rät-Lias-Schichten vorkommenden Kohlen, ebenso die Kohlespuren der unteren Kreide. Zu den känozoischen zählen die im Eozän, Oligozän, Miozän und Pliozän auftretenden Kohlen. Manche Fachleute, besonders deutsche Geologen, rechnen zu dieser Gruppe auch die interglazialen Brennschiefer oder Gyttjas, die auch als pleistozäne Kohlen bezeichnet werden und in gewissen Fällen als ziemlich brauchbares Brennmaterial anzusprechen sind.

Die in der Unterkreide auftretenden Kohlespuren haben praktisch keine Bedeutung. Die unterjurassischen oder Rät-Lias-Kohlen treten in Polen ziemlich weitverbreitet auf. Sie kommen einmal längs der Südwestgrenze der Jurazone von Kraków-Częstochowa vor und bilden kleine Vorkommen, wie bei Zawiercie, Mierzęcice, Koziegłowy. Sie haben keine praktische Bedeutung. Diese

Kohlen trifft man auch im nordöstlichen Randgebiet der Gory Świętokrzyskie sowie an einigen Stellen des kujavisch-pommerschen Walls. Sie gehören zu den Kohlen besserer Qualität, jedoch sind sie infolge ihrer geringen Mächtigkeit und ihrer unbedeutenden Vorräte gleichfalls ohne praktische Bedeutung. Bei ihrer geringen Teufe kommen sie eventuell für eine örtliche Verwendung in Frage. Desgleichen haben die pliozänen und pleistozänen Braunkohlen infolge ihrer Geringmächtigkeit nur für die örtliche Industrie Bedeutung. Eozäne und oligozäne Braunkohlen beschränken sich auf den Raum von Rogóźno.

Die wichtigsten Kohlen sind die miozänen, zu denen mit Ausnahme der vorgenannten alle bisher in Polen bekannten Braunkohlen, sowie die noch nicht erkundeten, aber bereits nachgewiesenen und schließlich die abgebauten Braunkohlenlagerstätten gehören. Regional sind die Braunkohlen am weitesten verbreitet in Kujavien, im großpolnischen Flachland (Poznań), Sudetenvorland, in den Sudeten und im schlesischen Flachland. In Form einzelner Vorkommen treten sie in West- und Ostpommern, Masovien, im polnischen Mittelgebirge (Góry Świętokrzyskie), auf der schlesischen und Łódźer Hochebene sowie in Podlasie im Lubliner Bezirk, im Karpatenvorland und in den Karpaten auf. Trotz der vielen regionalen Lager ist über die meisten nur wenig bekannt, und es kann von vornherein gesagt werden, daß viele praktisch ohne Bedeutung sind oder aber wegen zu großer Teufen unter den derzeitigen ökonomischen und technischen Verhältnissen nicht nutzbar gemacht werden können.

Die Art der Kohlenvorkommen ist sehr verschieden. Es treten Linsen, ein Flöz oder mehrere Flöze, oft durch tonige oder sandige Zwischenmittel in mehrere Lagen gegliedert, in wechselnder Mächtigkeit, ungestört oder gestört durch glaziale, fluvioglaziale oder tektonische Vorgänge, vielfach gefaltet und gestaucht auf. Die endogenen tektonischen Erscheinungen sind oft bei den Braunkohlen des kujavisch-pommerschen Walls (Rogoźno, Kłodawa, Pomorze), teilweise auch im polnischen Mittelgebirge oder im Karpatenland (Grundna Dolna) zu beobachten. Die stellenweise durch den Eisdruck hervorgerufenen Überschiebungen, Verwerfungen, Flexuren u. a. sind besonders in den polnischen Westgebieten bekannt, so im Lubuser Land bei Gubin (Guben) und Zielona Gora (Grünberg), im Muskauer Faltenbogen, südwestlich von Żary (Sorau), im Gebiete von Bytom (Beuthen) an der Oder, Głogow (Glogau) u. a. Diese Erscheinungen sind auch in West- und Ostpommern, in Mittelpolen — Umgegend von Tuchola (Tuchel), Dobrzynia, Wronki (Wronke), Międzychód (Birnbaum) — und anderwärts beobachtet worden. Sie erschweren den Abbau der Lagerstätten, insbesondere derjenigen, bei denen in bezug auf Teufe und Mächtigkeit eine Gewinnung im Tagebau möglich wäre.

Allgemeine Charakteristik der Braunkohlenlagerstätten und -gebiete

Im folgenden wird in großen Zügen eine Charakteristik der Braunkohlenlagerstätten und -gebiete in Polen gegeben.

I. Ost-Pomorze

Nach den bisherigen geologischen Unterlagen hat Ostpomorze nur geringe Braunkohlenvorräte. Bohrungen wiesen nur eine geringe oder gar keine Braunkohlenführung nach. In einzelnen früheren Bohrungen wurde Braunkohle bei Braniewo, Lidsbark Warmiński, Olsztynek, Niedzica, Mierek, Gryźlin u. a. festgestellt. Sie ist geringmächtig und liegt in verschiedenen Teufen. Aus denselben Gründen und wegen starker Erosion ist die Kohle bei Orłowo (Orlau) nicht bauwürdig. Die bei Swiętomiejsce vorkommende Braunkohle ist 0,5 bis 3,5 m mächtig und liegt 50 bis 60 m tief.

II. West-Pomorze

West-Pomorze ist gleichfalls noch nicht erforscht, wenn auch Vorkommen von Braunkohle an einigen Stellen bekannt sind. Ähnlich wie in Ost-Pomorze erschwert hier ein ziemlich mächtiges Deckgebirge den Abbau der Lagerstätten. Dazu treten die starke Faltung, Stauchung und Auswaschung der Flöze. Vorkommen liegen bei Szczecin (Stettin), Pyrzyce (Pyritz), Stargard, Kamień Pomorski (Kamin), Słupek (Stolp), Koszalin (Köslin), zwischen Kostrzyn (Küstrin), Gorzów (Landsberg/Warthe) und Chojna (Bärwalde), zwischen Wieleń (Filehne), Czarnków (Czarnikau), Trzcianka (Schönlanke) und Piła (Schneidemühl), in der Gegend von Koronowo, Tuchel, Gdynia und Gdansk (Danzig). Bei Stettin standen früher einige Kleinbetriebe in Förderung. Im Stadtgebiet von Danzig und nördlich davon liegt die Kohle 30 bis 50 m tief, bei Sopoty und Gdansk 80 m. Die Mächtigkeit schwankt zwischen 1—4 m.

In dem nördlich der Notec (Netze) liegenden Gebiet und am unteren Lauf der Warta (Warthe) kommen zwei Braunkohlenbezirke vor. Der eine liegt zwischen Wieleń, Czarnków, Trzcianka und Piła, wo ein 3—5 m mächtiges Flöz in einer Teufe von 40 bis 50 m und stellenweise bis zu 110 m auftritt. Wo die Braunkohle nahe der Oberfläche lag, wurde sie früher im Tagebau gewonnen. Der zweite Bezirk findet sich zwischen Kostrzyn, Gorzów und Chojna (Bärwalde) und weist ein bis zwei Flöze von selten 2 m Mächtigkeit auf. Bei Koronowo und Tuchola treten ein bis zwei Flöze mit 1 bis 7 m Mächtigkeit in einer Teufe von 20 bis 50 m auf, die stark gestört sind.

III. Das großpolnische Flachland

Im großpolnischen Flachland kommen Braunkohlen im Lubuser Ländchen (Sommerfeld) zwischen dem unteren Warthelauf und der Oder, zwischen Międzychód (Birnbaum), Wronke und Obornik in der Gegend von Poznań und weiter westlich dieser Stadt im Raume von Leszno (Lissa)—Kościan (Kosten)—Gostyń, bei Jarocin, Mogilno und im Raume Konin-Koło, Uniejów und Turek sowie zwischen Ostrzeszów (Schildberg) und Syców (Simmenau) vor.

Im Gebiete zwischen Schwiebus und Meseritz treten mancherorts 6—8 Flöze von 7—8 m Durchschnittsmächtigkeit auf. Im südlichen Teil sind 2 Flöze mit 2 bis 8 m, ausnahmsweise 20 bis 30 m Mächtigkeit bekannt. Die Flöze sind stark gefaltet und gestört. Die Sattelspitzen liegen manchmal nur 10 bis 30 m unter der Tagesoberfläche. In den Mulden findet sich die Kohle in Teufen von 80 bis 120 m und tiefer. Wegen der geringen Breite der Kohlefalten und des raschen Einfallens der Flöze an den Sattelflanken ist ein Tagebau in großem Ausmaß kaum möglich. In diesem Raum sind heute noch die Gruben von Smogóry und Sieniawa in Betrieb. Zu diesem Gebiet, gehört noch das Vorkommen von Cybinski mit 2 Flözen, von denen das obere stark gestört, das untere weniger gestört in 70 bis 80 m Teufe mit 6—9 m Durchschnittsmächtigkeit auftritt. In der Wartheniederung liegen die miozänen Ablagerungen auf einer Länge von fast 5 km in geringen Teufen (20 bis 30 m und weniger.) Es kommen ein oder zwei Flöze in 2 bis 5 m Mächtigkeit vor. Im Raume von Poznań finden sich 3 bis 5 Flöze mit 5—7 m Gesamtmächtigkeit in 60—100 m Teufe. Ähnliche Verhältnisse liegen bei Rogalin, Kurnik und Chmielniki vor. Bei Buk und Pniewy (Pinne) kommt die 2—3, z. T. bis 7 m mächtige Braunkohle in 70 bis 80 m Teufe vor.

Im Gebiet von Kościan—Leszno—Gostyń treten drei Lagerstättengruppen auf, in denen ein meist 3—6 m mächtiges Flöz in max. 100 m Teufe auftritt. In der Umgebung von Mogilno finden sich 1 bis 6 Flöze, von denen 1 bis 2 eine Mächtigkeit von 3—5 m, stellenweise von 9—11 m haben und in 100—153 m Teufe liegen. Im Gebiet von Konin, Koło, Uniejów und Turek kommen Lagerstätten vor, die in den letzten Jahren vom Geologischen Institut nachgewiesen worden sind. Es sind dies die Vorkommen von Józefina, Władysławów-Chilin, Ochle, Uniejów, Zarzewka-Strugi im Südwesten von Konin, Drzewce und Koźmin. Die Lagerstätte Józefina weist ein 3 bis 10, max. 15 m mächtiges Kohlenflöz in 40 m Teufe auf. Das Verhältnis D : K beträgt im Mittel 1 : 7,5—8. In Władysławow-Chylin beträgt die Braunkohlenmächtigkeit im Mittel 6 m, max. 15 m; sie tritt in ungefähr 30 m Teufe, mitunter weniger tief auf. In der Lagerstätte von Uniejów ist ein Flöz von 4,8 m größter Mächtigkeit zu finden, meistens ist sie geringer. Die letzten Bohrungen aus der Gegend von Zarzewek-Strugi ergaben eine Mächtigkeit von 0,20 bis 6,5 m bei 10,3 bis 48 m Teufe. Die Lagerstätte ist klein, unregelmäßig und die Kohle verunreinigt. Ebenfalls klein sind die Lagerstätten von Drzewce, Ochle, Kózmin, Ostrzeszów und Syców.

IV. *Kujavien*

In Kujavien kommen Braunkohlen bei Bydgoszcs (Bromberg), Włocławek, Dobrzyń u. a. vor. In der Umgebung von Bydgoszcz sind in 40—60 m Teufe mehrere 0,3 bis 4,7 m mächtige Braunkohlenflöze bekannt. Nähere Angaben fehlen. Gut untersucht ist das Gebiet von Włocławek, in dem 6 m Braunkohle bei 40—60 m Teufe vorkommt. Wegen der Nähe der Weichsel werden die hydrologischen Verhältnisse schwierig sein. Im Weichseltal sind Braunkohlenflöze aufgeschlossen und werden teilweise auch abgebaut. Im Westen von Włocławek bei Wienic, Piotrków Kujawski, Kobielice, Lubraniec nimmt die Mächtigkeit der Braunkohle bis auf 10 m zu. Sie ist durch Toneinlagerungen verunreinigt. Wegen des ungünstigen D:K, größer als 7 : 1, ist ihr Abbau im Tagebau nicht möglich.

V. *Die Hochebene von Łodź*

Auf der Hochebene von Łódź sind zwei Braunkohlenlagerstätten bekannt: eine bei Rogowo unweit Koluszki und die andere bei Rogóźno nördl. von Łódź. Gegenüber alten Bohrungen bei Rogow-Regny wurde durch neuere festgestellt, daß dort nur ein Flöz von 1,5 bis 8 m Mächtigkeit in 80 bis 110 m Teufe vorkommt. Rogóźno ist die einzige Lagerstätte in Polen, in der Braunkohlen auftreten, die stratigraphisch ein fast vollständiges Profil des Tertiärs haben. Es kommen eozäne, oligozäne, miozäne und Spuren pliozäner Kohlen vor. Die eozänen sind ein wertvoller Rohstoff für die chemische Veredlung und bilden ein bis zu 30 m mächtiges Flöz, das stellenweise unmittelbar auf den Zechsteinbildungen liegt, stark gestört und verworfen ist. Es bildet die Liegendpartie des hier auftretenden Tertiärprofils. Darüber lagert eine 60—80 m mächtige Serie feinkörniger, wasserführender Sande und darüber eine Serie von Braunkohlenflözen und großen miozänen Kohlenlinsen, die z. T. bis zu 20 m mächtig sind. Diese Flözserie lagert im Vergleich zum untersten Flöz ungestörter. Die Flöze liegen von etwa 80 m Teufe an in einer fast 300 m tiefen Mulde auf einem Zechsteinstock. Die Kohlen dienen, mit Ausnahme der eozänen, hauptsächlich Energiezwecken.

VI. *Mazowsze (Masovien)*

Die vom Geologischen Institut im Süden von Głowaczów entdeckte Lagerstätte besteht aus 7 Kohlenflözen mit einer zwischen 0,2—5,0 m schwankenden Mächtigkeit. Sie beträgt in der Mitte des Vorkommens etwa 6 m und steigt stellenweise bis 9 m an. Sie liegt in 30—40 m Tiefe und hat wegen ihrer starken Verunreinigungen einen niedrigen Heizwert. Vorkommen bei Łowicz, Okuniew, Sokołów, Ciosny, Sierskowola sind infolge geringer Flözmächtigkeit und großer Teufenlage industriell bedeutungslos.

VII. *Das schlesische Flachland*

In diesem Gebiete Polens treten Braunkohlenlagerstätten im Raume zwischen Gubin (Guben), Lubsko (Sommerfeld) und Zasieki, bei Zielona Góra (Grünberg)-Żagań (Sagan), zwischen Trzebiela, Żary (Sorau) und Przewóz, links der Oder zwischen Kożuchowo und Głogów (Glogau) und weiter zwischen Żmigrod und Trzebnica (Trebnitz), im Westen von Legnica (Liegnitz). im Westen von Jawor sowie zwischen Brzeg (Brieg) und Opole (Oppeln) auf. Zwischen Gubin, Lubsko und Zasieki sind die Flöze stark gestört. Sättel und Mulden streichen allgemein von West nach Ost. Auch bogenartiges Streichen ist hier bekannt, so bei Guben. In diesem Gebiet sind zwei Flöze zu finden, ein 1—1,5 m mächtiges Oberflöz und ein 5—10 m starkes Unterflöz, das in 80—120 m Teufe lagert. Glimmerhaltige Tone und feinkörnige Sande trennen sie voneinander. Die Oberflözkohle ist verunreinigt, die Unterflözkohle dagegen sauber, aber xylithaltig.

Bei Zielona-Góra Żagań kommen zwei Flöze vor: ein Oberflöz (3—5, stellenweise bis 7 m mächtig, stark gefaltet, früher im Kleinbetrieb abgebaut) und ein Unterflöz (7—8 m mächtig und in großer Teufe). Sättel und Mulden streichen NO/SW. Bei Żagań: Oberflöz 1,2—2,2 m mächtig in 72—128 m Teufe, Unterflöz 3—6 m mächtig, 30—40 m unter dem Oberflöz. Zwischen Trzebiela, Żary und Przewóz lassen sich drei kohlenführende Gebiete unterscheiden:

a) Zwischen Tuplice (Tschöpeln) und Mużakow erstreckt sich der auf polnischem Gebiete liegende östliche Arm des großen Muskauer Faltenbogens, in dem die Flöze als schmale übereinandergeschobene Sättel und Mulden vorkommen. Die einzelnen Mulden sind 100—200 m breit und bis 2 km lang. Das 1—2 m mächtige Oberflöz hat praktisch keine Bedeutung. Das Unterflöz ist 9—13 m mächtig und manchmal in mehrere Bänke gegliedert. Die Flöze werden auf den Sattelrücken im Tagebau und an den Flanken entsprechend dem Einfallen im Tiefbau gewonnen. Z. Z. wird Kohle im Südfeld der Grube Babina abgebaut. Früher standen hier einige Dutzend Gruben in Betrieb.

b) Im Gebiete südlich von Sorau ist das Oberflöz stark gefaltet und bildet etwa 40 schmale Mulden und Sättel. Die Mulden sind 60—200 m breit. Das Oberflöz wird abgebaut und ist 3–5 m mächtig. Das Unterflöz ist erbohrt, besteht aus zwei 3 m mächtigen Bänken. Z. Z. wird das Oberflöz untertägig auf der Grube „Henryk" abgebaut. Früher waren hier mehrere Gruben in Betrieb.

c) In dem Raum zwischen den oben erwähnten Gebieten ist die Kohle ungestört gelagert. Das Oberflöz hat eine Mächtigkeit von 0,8–4,0 m, das Unterflöz von 4–6 m im Osten und 9–10 m im Westen. Das Unterflöz liegt in einer Teufe von 50–130 m.

Auf der linken Oderseite zwischen Kożuchowo, Nowa Sol (Neusalz), Bytom und Głogów ist die Kohle glazial-tektonisch gestört und in ihrer Mächtigkeit verschieden (2–5 m). Örtlich kommen Aufpressungen bis zu einigen zehn Metern vor. In Betrieb ist hier die Grube „Maria". Westlich von Legnica finden sich einige kleine Lager zwischen 2–2,6 m Mächtigkeit. Bei Pałowice Maly und Lipiec wurde Braunkohle von etwa 2 m Mächtigkeit in geringer Teufe angetroffen.

Westlich von Jawory wurden bis 2 m starke Flöze in 20 m Teufe bei Żarki und Chroślić aufgefunden. Zwischen Brzeg und Opole liegt die Kohle nicht tief und erreicht kaum 2–3 m. Geringmächtige Flöze in geringer Teufe wurden auch bei Lewin und Skorogoszczy angetroffen.

Bei Dębie östlich von Opole ist die Braunkohle 10 m mächtig. Bei Kamień südöstlich von Opole förderten vor dem Kriege einige kleinere Gruben.

VIII. Sudetenvorland

Hier sind Braunkohlenlagerstätten bei Węglinice, Lubań, Zgorzelec, Strzegom (Striegau), Sobótka, Ząbkowice Śląskie, Ziembice, Nysa (Neiße) und Głuchołaz, Głubczyce bekannt. Dort waren früher kleinere Gruben in Betrieb. Westlich von Węglinice wird Braunkohle durch die Grube Kaławsk gefördert. Die Kohle ist hier 2–4 m mächtig und liegt 12–35 m unter der Erde. Ähnlich sind die Verhältnisse bei Macieki. Südöstlich von Görlitz kommt bei Mojs ein 8–10 m mächtiges, teilweise schon abgebautes Flöz in 40–50 m Teufe vor. Auch bei Szymbork und Radomierzyce südlich von Görlitz wurde früher Kohle abgebaut: Bei Szymbork 5 Flöze mit 3–4 m Mächtigkeit in 20–30 m Teufe, in Radomierzyce 4 Flöze in geringer Teufe und Mächtigkeit. Von der Vereinigung des Braunkohlenbergbaus niedergebrachte Bohrungen wiesen Braunkohle in mehreren Flözen nach, von denen das stärkste (56–100 m) ähnlich wie in Turów einige Tonzwischenlagen führt. Auf der polnischen Seite liegt nur der nordöstliche Teil der Lagerstätte, der Hauptteil dagegen findet sich in der DDR bei Berzdorf, wo die Kohle im Tagebau abgebaut wird und im N örtlich sogar auf 100 m und mehr ansteigt, westlich bzw. südwestlich von Berzdorf rd. 40 m und im Osten 70–90 m beträgt. Bei Pisarzowice unweit Zaręba Górna wird ein Braunkohlenlager von der Grube Lubań ausgebeutet. Bei Strzegom hat die Kohle 2–4 m Mächtigkeit. In Siedlimowice südwestlich von Żarowo wurde durch Bohrung ein etwa 11 m mächtiges Kohlenflöz mit zwei 50 cm starken Zwischenlagen in 6,4 m Teufe festgestellt. Bei Sobótka ist Braunkohle bei Wierzbica, Wilczkowice, Jordanów Śląski bekannt, wo sie max. 68 m tief und 2–10 m mächtig liegt. Bei Ziembice Śląskie wird eine Kohlemächtigkeit von 2,2 m nicht überschritten. Die Lagerstätten bei Ząbkowice, Grochowo, Nysa und Głuchołaz sind kleinen Umfangs.

Die geringe Teufe und die nicht unbedeutende Mächtigkeit der Kohle sollten eine weitere Erkundung anregen.

IX. Sudeten

Hier liegt die größte polnische Braunkohlenlagerstätte Turów bei Turoszewo. Das Oberflöz von 40–60 m Mächtigkeit wird im Tagebau gewonnen. Das 30–40 m darunterliegende Unterflöz ist 6–30 m mächtig. Die Oberflözkohle dient direkt als Brennstoff, läßt sich aber auch brikettieren und verschwelen.

X. Die schlesische Hochebene

Hierzu gehören die Rät-Lias Kohlen bei Zawiercie, wo die Kohle eine Mächtigkeit von 0,6–12 m hat, sehr oft auskeilt und verworfen ist. Äußerlich ähnelt sie der Steinkohle. Der Aschegehalt beträgt 10–20%, der Heizwert 5000–5500 kcal/kg. Die Vorräte sind größtenteils erschöpft.

XI. Góry Świętokrzyskie (Polnisches Mittelgebirge)

In diesem Gebiet kommen einige kleinere linsenförmige Lager vor, die wirtschaftlich unbedeutend sind. Sie sind aus den Gegenden von Starachowice, Szydłowice, Opatów, Wierzbnik u. a. bekannt. Die Flöze sind wegen der geringen Mächtigkeit (60 cm und meist darunter) bedeutungslos. Bei Chomentowo findet man eine etwas größere Lagerstätte, die in den Vorkriegsjahren abgebaut wurde. Die Kohle ähnelt äußerlich einer Steinkohle. Heizwert 2500–2700 kcal/kg, Wassergehalt 3–15%, Aschegehalt 2–26%.

XII. Das Karpatenvorland

Die hier auftretenden kleinen Lagerstätten sind meist ohne praktische Bedeutung.

Der Stand der Braunkohlenerkundung

Z. Z. kommen in Polen an über 150 Stellen Braunkohlen vor. Hierunter fallen einzelne Fundpunkte (Bohrungen), an denen Braunkohlen festgestellt wurden, ferner bestimmte Gebiete, die durch mehrere Aufschlußbohrungen oder ältere verliehene Schürfrechte umgrenzt wurden, und schließlich Gebiete, in denen auf Grund älterer Nachrichten Braunkohlen gefunden wurden. Die älteren polnischen und deutschen Literaturangaben sind meist dürftig. In vielen Fällen handelt es sich nur um Angaben der Bohrmeister. Viele besonders von Deutschen durchgeführte und auf alten Karten lokalisierte Bohrungen beschränken sich auf die Feststellungen von Deckgebirge, Kohle und Zwischenlagen von taubem Gestein unter Angabe von Zahlenwerten ohne irgendwelche petrographische Beschreibungen der Gesteine. In der Regel decken sich fast niemals die verliehenen Grubenfelder mit der Umgrenzung der Braunkohlenlagerstätte, die gewöhnlich bedeutend kleiner ist. Sogar in solchen Fällen, wie die bei den von A. S. MAKOWSKI kartenmäßig zusammengestellten Braunkohlenlagerstätten von Großpolen und Pommern, bei denen die Anzahl der Bohrungen und deren Verteilung in gewisser Hinsicht für die Einstufung in die Kategorie C_2 ausreichen müßte, stützen sich die Angaben in den Karten nur auf die Feststellungen der Bohrmeister, die von Kohlengeologen nicht überprüft waren. Wie durch Kontrollbohrungen festgestellt wurde, haben die Bohrmeister schwarze Kohlentone als Braunkohle oder verunreinigte Braunkohle angesehen oder auch umgekehrt. Chemische Analysen liegen nicht vor. Feuchtigkeits- und Aschegehalte sowie Heizwerte wurden nicht festgestellt. Wohl sind einige Lagerstätten, besonders im Westen, bergmännisch abgebaut worden, aber das zugehörige Kartenmaterial fehlt, so daß nicht festgestellt werden kann, was bereits abgebaut und was noch unverritzt ist. Bei einem solchen Stand der Dinge haben die Braunkohlenvorkommen, für die keine Dokumentationen oder genauere Erkundungsergebnisse vorliegen, nicht den Erforschungsgrad, um sie vom Standpunkte der gegenwärtig geltenden Bestimmungen über die Lagerstättendokumentation aus als Lagerstätten der Kategorie C_2 anzuerkennen. Dies trifft auch dann nicht zu, wenn die Dokumentationsvorschriften vereinfacht werden.

Bilanzierte Vorräte nicht dokumentierter Lagerstätten oder die durch ein entsprechend weitmaschiges Bohrnetz erkundeten Braunkohlenvorkommen sollten als geschätzte geologische Vorräte angesehen werden, die niedriger sind als die der Kategorie C_2. In der Staatsbilanz für Braunkohlenvorräte müßte daher neben den dokumentierten und durch die Vorratskommission bestätigten Bilanz- und Außerbilanzvorräten, unterteilt nach Kategorien, eine Rubrik für geschätzte geologische Vorräte eingeführt werden, ohne jede Angabe, ob es sich um Bilanz- oder Außerbilanzvorräte handelt. Dadurch würde eine gewisse Übersicht über die Registrierung von Braunkohlenlagerstätten in Polen erreicht werden, und man könnte sich gleichzeitig Gedanken über die fernerhin auszuführenden Erkundungsarbeiten machen. Diese Rubrik müßte dann laufend entsprechend dem Auffinden neuer Braunkohlenvorkommen ergänzt werden. Dadurch würden die vielen Milliarden Tonnen geschätzter Vorräte deutlich von den Millionen Tonnen wirklich bestätigter Vorräte abgeschieden werden. Nach der Meinung des Verfassers darf über die wirtschaftliche Nutzung einer Lagerstätte nicht diskutiert werden, wenn nicht die Vorräte bestätigt sind und ein entsprechendes Bohrnetz fehlt, wenn ferner chemische Analysen und eine hydrogeologische Vorerkundung nicht vorhanden sind.

Die Möglichkeiten zur Nutzung der Braunkohle und der Braunkohlenlagerstätten begleitenden Rohstoffe

Braunkohlen lassen sich bekanntlich verheizen, brikettieren, schwelen, extrahieren, vergasen und hydrieren. Als Rohstoff für Energiezwecke sollten in der Industrie und der Gaserzeugung nur durch mineralische Substanz stark verunreinigte bitumenarme Braunkohlen mit geringem Urteer-Gehalt (unter 12% in wasserfreier Kohle) verwendet werden. Diese Kohle kann auch brikettiert werden, aber nur dann, wenn sie nicht zu viel Ton und insbesondere Sand enthält, weil dann die Briketts leicht zerfallen und die Matrizen der Brikettpressen schnell verschleißen. Rohbraunkohle ist für den Hausbrand nicht geeignet. Hierfür können nur Briketts oder gehärtete, d. h. getrocknete Kohlen verwendet werden. Als Schwelkohlen eignen sich nur solche Braunkohlen, die bei der trocknen Destillation mindestens 12–14% Urteer, auf Trockensubstanz umgerechnet, liefern. Schwelkohlen dürfen einen geringen Aschengehalt haben, obwohl dieser bei der Auswahl der Kohle nicht entscheidend ist. Eine wesentliche Rolle spielt bei der Errichtung eines Schwelwerkes die Vorratsmenge an Kohle, die für Amortisierung und Rentabilität der Anlage entsprechend hoch sein muß. Zur Extraktion eignen sich Braunkohlen, die mindestens 12–14% Bitumen, umgerechnet auf Trockensubstanz, enthalten. Als industriell am wertvollsten gelten diejenigen Extraktionskohlen, deren Bitumen einen hohen Wachs- und einen geringen Harzanteil hat. Dasselbe gilt für den Urteer. Braunkohlen, die stark wachshaltige Bitumina enthalten, liefern einen paraffinreicheren Urteer, zum Unterschied gegen mehr asphalthaltigen Urteer derjenigen Braunkohlen, deren Bitumina einen hohen Harzgehalt besitzen.

Die größte Anzahl der polnischen Braunkohlen weisen Kohlen für Energiezwecke mit geringem Urteer- und Bitumengehalt auf. Dabei geben die älteren tertiären Braunkohlen einen für die chemische Verwertung geeigneteren Rohstoff ab als die jüngeren. Letztere sind für die chemische Veredelung überhaupt nicht geeignet. Hierfür kommen nur die eozänen und ein Teil der untermiozänen Kohlen in Frage. Zu dieser Gruppe gehört das Unterflöz von Rogoźno nördlich von Łódź und verschiedene andere, die durch die Werke Konin, Turów, Kaławsk, Babina, Smogóry und Sieniawa ausgebeutet werden. Von den bisher erkundeten Kohlen sind die aus dem Braunkohlenwerk Kaławsk bei dem geringsten Harzgehalt von 27–33% am wertvollsten. Ferner haben gewisse Partien der von den Gruben Babina und Konin abgebauten Kohlenflöze mehr Wachs als Harz. Die Bitumina von anderen Gruben enthalten mehr Harz- als Wachsstoffe, z. B. von Turów bis 80%, von Maria bis 64% von Henryk bis 63% und Lubań bis 58%.

Alle bisher vom Geologischen Institut neu entdeckten oder erkundeten Braunkohlenlagerstätten des mittleren und oberen Miozäns sowie des Pliozäns sind Kohlen für Energiezwecke. Daraus folgt die Notwendigkeit der Verlegung der Erkundungsarbeiten mehr in die Westgebiete, da dort größere Aussichten bestehen, unter den dort vorkommenden Braunkohlen des Untermiozäns wertvollere Kohlen in bezug auf die chemische Verwertung anzutreffen.

Die Ausnutzung der anderen, die Braunkohlen begleitenden mineralischen Rohstoffe stellt ein wesentliches volkswirtschaftliches Problem dar. Die Begleiter der Braunkohlen sind feuerfeste keramische Tone, Lehme, Glas- und Formsande, Kiese, Bändertone. Die Geschiebelehme werden verschiedentlich zur Ziegelherstellung verwendet. Schon bei den geologischen Erkundungsarbeiten sollten die etwa zu verwertenden Rohstoffe beachtet und keine Geldmittel zur Untersuchung gespart werden. Insbesondere trifft das auf Braunkohlenlagerstätten zu, die bereits vorher für die Gewinnung im Tagebau bestimmt sind.

Das Aufsuchen von Braunkohlenlagerstätten im Fünfjahrplan

Die Möglichkeiten zur Entdeckung von verhältnismäßig wenig tief lagernden Braunkohlen sind nicht groß, obschon solche in den West- und Südwestgebieten Polens, im Zentralgebiet (Konin) sowie längs der südlichen Umgrenzung des Masowischen Troges durchaus vorhanden sind. Z. Z. ist eine Voraussage schwierig, ob Lagerstätten, die gegebenenfalls noch entdeckt werden, klein oder groß, gestört oder ungestört, im Tagebau zu betreiben oder nicht zu betreiben sind. Das läßt sich nur durch Bohrungen feststellen. Im nördlichen Polen ist die Entdeckung flachlagernder größerer Lagerstätten wegen des mächtigen Deckgebirges wenig aussichtsreich. Im Posener Raum kommen nach den bisherigen Bohrergebnissen

Anzeichen für tiefliegende Braunkohlen vor. In anderen Gebieten Polens, wie in Lublin, Kielce, in den Karpaten und im Karpatenvorland sind größere Braunkohlenlagerstätten kaum zu erwarten. Nach den dort bisher zerstreut auftretenden Braunkohlen handelt es sich um kleine isolierte Vorkommen. Eine so große Lagerstätte mit solchen günstigen Verhältnissen wie Turów ist in Polen einmalig. Auch ist eine ähnliche große Lagerstätte wie Konin mit einem D : K wie 3 : 1 bis 5 : 1 nicht mehr aufzufinden. Dagegen sind die Hoffnungen, Lagerstätten mit einem D : K wie 10 : 1 zu entdecken, berechtigt. Unter Berücksichtigung der erwähnten geologischen Voraussetzungen müßten in den zuerst genannten vier Gebieten Polens systematische Untersuchungen zum Auffinden von Braunkohlenlagerstätten durchgeführt werden. Bei der Größe der zu untersuchenden Gebiete ist diese Aufgabe durch das Geologische Institut in drei Etappen zu lösen:

a) Durch rasche Untersuchung der Gebiete mit Hilfe kleindimensionaler, mechanisch angetriebener Bohranlagen – auf LKW montiert – mit oder ohne Kerngewinnung in einem entsprechend breiten Bohrnetz. Gebiete, in denen kein Tertiär auftritt, scheiden aus. Wird nicht gekernt und nicht verrohrt, ist das Auftreten von Kohle an der Färbung der Spülung und den heraufgebrachten Kohleteilchen zu erkennen. Allerdings ist das Bestimmen der Mächtigkeit eine rein subjektive Angelegenheit, die besonders von der Gewissenhaftigkeit des Kollektors abhängt. Jede erfolgreiche Bohrung müßte durch Handbohrung ohne Spülung nachgeprüft werden.

b) Die durch kleindimensionale Bohrungen ausgewählten Gebiete mit Kohleführung werden durch Trocken-Handbohrungen in der gleichen Dichte abgebohrt, wie sie für die Kategorie C_2 vorgesehen ist.

c) Durch weitere Erkundungen der Lagerstätten mit Hilfe der für höhere Kategorien vorgeschriebenen systematischen Bohrungen.

Die in a) bezeichneten Arbeiten sollte das Geologische Institut, die in b) und c) angeführten das Ministerium für Bergbau übernehmen. Denn wenn die Lagerstätten unter günstigen Verhältnissen auftreten sollten, dann könnte man den Arbeitsumfang auf diesen Lagern einschränken und die Erkundung der Vorkommen von vornherein nach den Grundsätzen einer höheren Kategorie durchführen.

Das Geologische Institut hat bereits 1956 begonnen, mit kleindimensionalen Bohrungen die genannten Gebiete zu untersuchen Die Bohrungen werden im Bohrnetz von 4 × 4 km Abstand schachbrettartig niedergebracht. Das wirkliche Bohrnetz hat 2,7 × 2,7 km im Abstand. Für die Untersuchung des Gebietes westlich und südwestlich von Konin und Koło in der Größe von 800 km² stand ab Mai 1956 ein Bohrgerät zur Verfügung. Ein zweites wurde ab September 1957 eingesetzt. Durch diese Bohrungen wurden sechs neue Vorkommen westlich, südwestlich und südlich von Konin gefunden. Der vorläufige Fünfjahrplan für die Braunkohlenvorerkundung mittels kleindimensionaler Bohrungen umfaßt für die Jahre 1958 bis 1960 eine ganze Reihe von Gebieten. Der Gesamtplan sieht das Niederbringen von Bohrungen auf einer über 14000 km² großen Fläche vor.

Die Sedimentärbecken Afrikas

ERICH LANGE, Berlin

Über die Ausdehnung der an der Erdoberfläche anstehenden sedimentären Schichtenkomplexe des afrikanischen Kontinents gibt es zur Zeit in der Fachliteratur zwei sich völlig widersprechende Darstellungen. Nach der einen soll fast die gesamte Oberfläche des inneren Afrikas aus einem riesigen kristallin/metamorphen Schild bestehen. Außer den alpin gefalteten Gebirgszonen im äußersten Norden (Atlasgebirge) und äußersten Süden (Kapland) des Kontinents treten nach dieser Ansicht nur einige kleinere schwach gefaltete Sedimentgebiete längs der Küste des Indischen und des Atlantischen Ozeans auf. Diese Anschauung ist veraltet und entspricht etwa dem Erkundungsstand vom Anfang unseres Jahrhunderts, als außerhalb der Küstenstreifen das Innere des Kontinents geographisch nur in großen Zügen und geologisch nur in wenigen Bezirken erforscht war.

Unsere Abbildung 1 gibt einen Ausschnitt aus einer Karte der Erdölhöffigkeit der Welt wieder. Sie erschien 1957 in dem Beitrag von H. WIESENEDER: „Das Erdöl und seine Entstehung", in dem in Wien herausgegebenen Sammelband „Erdöl in Österreich", in R. HUNGER, „Das Erdöl, sein Vorkommen und seine Bedeutung" u. a.

In unserer Zeitschrift wurde auf einer ähnlichen Karte der höffigen Erdölgebiete der Erdoberfläche, die wir nach STAHMER (Jg. 1/1955, S. 117) veröffentlichten, diese Auffassung publiziert. *Diese Darstellungen der Sedimentärbecken des afrikanischen Kontinents sind jedoch so weit überholt, daß sie in Lehrbüchern und sonstigen Veröffentlichungen nicht mehr in Erscheinung treten sollten.*

Dem *gegenwärtigen Stand der internationalen Kenntnisse* entspricht in großen Zügen unsere Abb. 2, die nach einer Karte von H. O. HEDBERG, die 1957 herausgegeben wurde, in vereinfachter Form übernommen wurde.

Man erkennt auf ihr deutlich 4 große innerafrikanische Sedimentärbassins von Süden nach Norden:

- das Karroo-Becken;
- das Kalahari-Becken;
- das Kongo-Becken mit seinem südlichen Ausläufer durch Angola bis zum Norden von Südwest-Afrika;
- das Sahara/Sudan-Becken.

Im Karroo-Becken und im Kongo-Becken überwiegen an der Erdoberfläche Sedimente der Karrooformation, die vom Oberkarbon bis zum Jura reicht und vorwiegend aus terrestrischen Ablagerungen besteht. In der Kalahari-Wüste und in Angola finden sich daneben Sedimente der Kalahariformation, die nichtmarine Ablagerungen von der Kreide bis zum Tertiär umfaßt.

Bedeutend abwechslungsreicher sind die Ablagerungen in der Sahara und im Sudan. Dort treten neben altpaläozoischen Sedimenten karbonische, permische, triassische, jungmesozoische (vorwiegend Kreideformation), tertiäre und pleistozäne Gesteinskomplexe auf. Der häufig anstehende nubische Sandstein umfaßt vorwiegend kontinentale Sedimente des Mittelmesozoikums, z. T. jedoch auch noch jungpaläozoische Schichtenpakete.

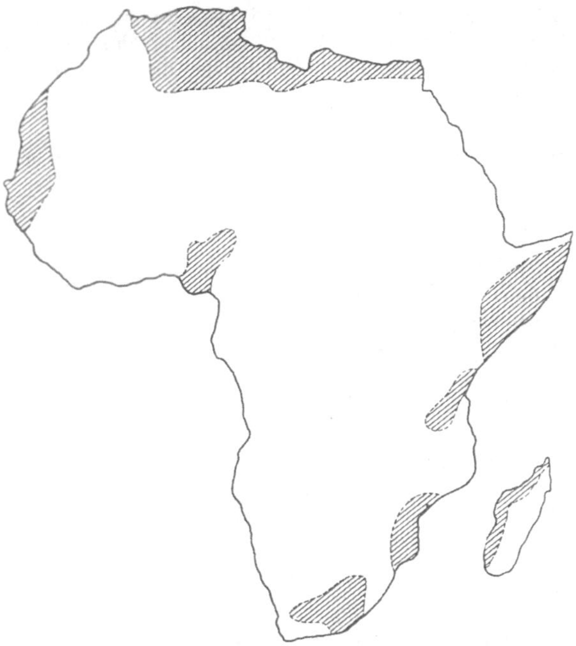

Abb. 1. Sedimentationsbecken Afrikas, eine überholte Darstellung aus dem Jahre 1957 (gestrichelt die Sedimentgebiete, weiß angeblich kristalliner Schild)

Südlich des Äquators unterscheiden sich die *terrestrisch* ausgebildeten Formationen der innerafrikanischen Becken sehr weitgehend von den Sedimentärablagerungen der Küstenstreifen. Die letzteren enthalten größtenteils *marine* Sedimente der Jura-, Kreide- und Tertiär-Formation. *Nördlich* des Äquators vermischen sich die kontinentalen und marinen Sedimente im Sahara/Sudan-Becken. Die Täler des Niger und Benuë bildeten einst Einfalltore, durch die das Kreidemeer über die heutige westafrikanische Küste ins Innere der Sahara gelangte und von dort aus Verbindungen zu den gegenwärtig im Süden von Algerien auftretenden Kreideablagerungen schuf. Die Kreidesedimente transgredieren über Trias und Paläozoikum und sind ihrerseits von tertiären und pleistozänen Schichten überlagert. Südöstlich des Tschadsees treten die Kreidesedimente auf langer Front an der Grenze zwischen dem südlich gelegenen kristallin/metamorphen Schild und den weiter nördlich gelegenen quartären Ablagerungen der Sahel- und der Wüstengebiete zutage. (Vgl. „Z. angew. Geol.", Jg. 2, 1956, S. 495.)

Kürzlich hat J. C. M. TAYLOR in „Petroleum" (1957, S. 420) eine Karte über die Ausdehnung der Kreide- und Tertiärsedimente in den Tälern des Niger und Benuë veröffentlicht. Die Sedimente enden nach dieser Karte innerhalb Nigerias an den dort auftretenden kristallin/metamorphen Gesteinskomplexen. In Wirklichkeit setzen sie sich nach Nordosten in die Tschadsee-Senke weiter fort, wo sie dann von Ablagerungen des Pleistozäns überlagert werden.

Im Gebiet des mittleren und unteren Benuë-Tales treten die Sedimente in langgezogenen tafelbergartigen Höhenzügen zu Tage. Auf weiteste Entfernungen erkennt man den Sedimentärcharakter, der durch ausgedehnte Terrassen morphologisch unterstrichen wird. Deutlich heben sich von ihnen die Konturen der höheren Gebirgszüge ab, die aus Gesteinen des kristallin/metamorphen Sockels bestehen.

Anders ist das Landschaftsbild im Gebiet einiger Quellflüsse des Benuës. Dort treten die Gesteine der Sedimentformationen morphologisch kaum in Erscheinung. Sie lagern im allgemeinen etwa in der Höhe der Fastebene zwischen Inselbergen, die einige hundert Meter hoch werden können und aus Gesteinen des kristallinen Sockels oder jüngeren Eruptiva bestehen. Die Sedimente sind meist tiefgründig verwittert und daher nur selten in kleineren Aufschlüssen erkennbar. Aus dieser Situation erklären sich die Ungenauigkeiten, die die letzten Karten TAYLORs (S. 417 u. 420) noch aufweisen.

1 – Kristallin/metamorpher Sockel; 2 – Postpaläozoische Eruptivgesteine; 3 – Innenbecken und Tafeln; 4 – Mesozoische und känozoische Küstensedimente, größtenteils marin; 5 – Gefaltete Sedimente der Atlasgeosynklinale; 6 – Gefaltete Sedimente der Kaplandgeosynklinale

Abb. 2. Regional-geologische Skizze Afrikas unter dem Gesichtspunkt der Erdölhöffigkeit – vereinfacht nach HEDBERG 1957

Der Unterschied in der Morphologie der Kreide- und Tertiärsedimente in Nigeria und in der Tschadsee-Senke kann möglicherweise daher rühren, daß das Gebiet des mittleren und unteren Benuë-Tales vor nicht allzu langer Zeit eine Hebung erfuhr, während die Tschadsee-Senke nebst ihren südlichen Ausläufern, in denen noch Reste der Kreideformation sichtbar sind, in letzter Zeit einem anhaltenden Senkungsprozeß unterworfen war.

Die starke Verwitterung in den großen Senkungsgebieten nördlich des Äquators bedingt, daß sich geschichtete Gesteine sehr tiefgründig zersetzen. Die Zeugenberge aus nubischem Sandstein oder die Inselberge mit Blockpackungen aus Granit sind *Härtlinge*, die der Erosion noch nicht zum Opfer fielen. Man wird daher bei Vorerkundungen – vor allem auch bei aerogeologischen Aufnahmen – Tonschiefer, lockere Sandsteine und andere milde Gesteine leicht übersehen. Ihr Auffinden, das häufig wegen ihres Fossilinhaltes zur Lösung stratigraphischer Fragen besonders wichtig ist, ist daher schwierig. Deshalb entsteht über die Verbreitung der einzelnen Sedimentpakete leicht ein falsches Bild, was noch durch die weiträumige Bedeckung mit jungen

Sanddünen und Tonablagerungen verschärft werden kann. Die Härtlinge (quarzitische Sandsteine, Quarzite, Granite und junge Eruptiva) erscheinen dann häufig als die einzig anstehenden Gesteine.

Wie wichtig es zur Beurteilung der Erdölhöffigkeit ist, möglichst genaue Unterlagen über die Verbreitung der Sedimentbecken und die Stratigraphie ihrer Sedimentpakete zu erhalten, mögen die Daten einiger fündiger Sonden zeigen, die *nach den veralteten Karten sämtlich innerhalb des kristallinen Schildes der nördlichen Sahara liegen müßten:*

Sonde Md 1, Feld Hassi Massaoud, fördert aus 140 m mächtigem triassischem und 210 m mächtigem permischem Sandstein bei 3330—3750 m Teufe. Das leichte, schwefelfreie Rohöl kann sofort am Ort der Förderung als Dieselöl Verwendung finden.

Sonde H R 1, Feld Hassi R'Mel, fördert unter hohem Druck stehendes Gas aus triassischem Sandstein, der von einer Salzserie überlagert wird.

Sonden von Edjélé und *von Tiguentourtne* fördern leichtes Erdöl und Gas aus Unterkarbon, Devon und Ordovizium aus Teufen zwischen 500—800 m. Das Rohöl hat ein spezifisches Gewicht von 0,849 und einen Benzingehalt von ca. 30%. In Edjélé wurden von 13 Bohrungen 12, bei Tiguentourine von 6 Bohrungen 5 fündig.

Sonde Djebel Thara Nr. 201, Gas pro Tag 145000 m³ aus 1237 m Teufe.

Sonde Djebel Mouahdrine Nr. 102, Gas aus Ordovizium 50000 m³ pro Tag aus 1196 m Teufe.

Sonde Tibaradine 1, Gas aus Unterdevon 153000 m³ pro Tag aus 2528 m Teufe.

Eine ausgezeichnete schematische Darstellung des geologischen Aufbaus der Sahara veröffentlichte N. N. MENSCHIKOW 1956. In ihr sind durch Signaturen unterschieden: Präkambrisches Fundament, Paläozoikum, Mesozoikum und Tertiär, Quartär und vulkanische Massive.

Schon im Jahre 1956 war die Erdöl/Erdgasbohrtätigkeit in Afrika doppelt so groß wie in dem vorhergehenden Rekordjahr. Afrika ist im Begriff, sich zu einem wichtigen Erdöl- und Erdgasproduzenten zu entwickeln. Ende 1956 bohrten 58 Geräte. Von den 95 niedergebrachten Bohrungen wurden im Laufe des Jahres 11 auf Erdöl (Algerien 3, Angola 2, Kamerun 1, Franz.-Äquatorialafrika 2, Nigeria 3) und 5 auf Erdgas (sämtlich in Algerien) fündig.

Es liegt also besonders im Interesse der Erdölgeologie, sich über die Verbreitung der afrikanischen Sedimentationsgebiete, ihre Großtektonik und Stratigraphie möglichst weitgehende Klarheit zu verschaffen. Man sollte deshalb auch bei uns anstelle der veralteten Übersichtskarten, solange nicht genauere Unterlagen publiziert werden, weitgehend die HEDBERGsche Karte auswerten.

Literatur

HEDBERG, H. D.: Petroleum developments in Africa in 1956. Bull. Am. Ass. Petr. Geol. 41, 1957, S. 1541.
HUNGER, R.: Das Erdöl, sein Vorkommen und seine Bedeutung. Wissenschaft und Fortschritt, Berlin 1957, S. 240.
LANGE, E.: Erdgas – ein neuer Rohstoff. Z. angew. Geol. 1, 1955, S. 117.
– Geologie der Tschadsee-Senke. Z. angew. Geol. 2, 1956, S. 490–497.
MENSCHIKOW, N. N.: Osnownye tscherty geologitscheskowo strojenija Sachary. Bul. Mosk. Obschtsch. Isp. prirody. Ot. Geol. 1956, 6, S. 5.
STAHMER, A.: Erdöl, Mächte und Probleme. Kevelaer 1950.
TAYLOR, J. C. M.: The oil geology of Africa. Petroleum, 1957, S. 417 bis 420.
WIESENEDER, H.: Das Erdöl und seine Entstehung. In „Erdöl in Österreich", Wien 1957, S 5.

Instruktion zur Anwendung der „Klassifikation der Lagerstättenvorräte fester mineralischer Rohstoffe" auf Flußspat- und Schwerspatlagerstätten der DDR

Erste Flußspat- und Schwerspat-Instruktion
vom 19. Februar 1958

INHALT

1. Allgemeines . . . 284
2. Die Forderungen der Industrie an Flußspat- und Schwerspatvorräte der DDR . . . 284
3. Die Eingruppierung der Flußspat- und Schwerspatlagerstätten der DDR . . . 286
4. Die Forderungen an die Methodik der geologischen Erkundung . . 286
5. Der industrielle Minimalgehalt und der geologische Schwellengehalt . 288
6. Die Einstufung der Vorräte in die Vorratsklassen . . . 289
7. Anhang . . . 290

1. Allgemeines

1.1 *Flußspat* ist die Kalziumverbindung der Fluorwasserstoffsäure Calciumfluorid CaF_2. Er gehört zu den Nichterzen und tritt vorwiegend mit Quarz, Karbonspäten, Schwerspat und anderen Mineralen unter verschiedenen Entstehungsbedingungen der magmatischen Abfolge auf.

1.11 Wirtschaftlich genutzt werden in der DDR zur Zeit nur die Flußspäte der selbständigen Flußspat- bzw. Schwerspatgänge.

1.12 Die Flußspatgänge führen außer Quarz und Karbonspäten bisweilen noch Kupferkies, Pyrit, Bleiglanz, Zinkblende und andere Sulfide.

1.13 Der auf den sulfidischen Bleierzgängen der Freiberger fba-Abfolge anstehende Fluß- und Schwerspat tritt als Gangart auf, wird mit dem Erz abgebaut und geht durch den Aufbereitungsprozeß der Erze z. Z. noch in die Berge.

1.2 *Schwerspat* ist das als Mineral vorkommende Bariumsalz der Schwefelsäure: $BaSO_4$. Er kommt rein oder mit Quarz, Flußspat, Karbonspäten, Eisen-, Manganmineralien u. a. verwachsen vor.
Schwerspat wird zu den Nichterzen gerechnet und ist unter verschiedenen Bedingungen der magmatischen und sedimentären Lagerstättenbildung entstanden.

1.21 Wirtschaftlich genutzt werden in der DDR z. Z. nur die Schwerspäte der selbständigen Schwerspatgänge und flußspatführenden Schwerspatgänge sowie die metasomatischen Vorkommen in Kalkstein.

1.3 Flußspat und Schwerspat, verbreitet auf Gängen und unregelmäßigen metasomatischen Anreicherungen, kann in den verschiedensten Verwachsungsformen vorkommen.

2. Die Forderungen der Industrie an Flußspat- und Schwerspatvorräte der DDR

2.1 Das gemeinsame Vorkommen von Flußspat und Schwerspat neben anderen (nutzbaren und nicht nutzbaren) Mineralen erfordert aus volkswirtschaftlichen Gründen eine möglichst weitgehende Gewinnung aller Wertstoffe, wenn mit einem tragbaren Kostenaufwand gerechnet werden soll. Die Anforderungen der flußspat- und schwerspatverarbeitenden Industrie sind so hoch, daß der überwiegende Teil der Vorräte an Fluß- und Schwerspat einer Aufbereitung bedarf. Um überhaupt eine Verfahrenstechnologie für die Aufbereitung entwickeln zu können und einen erfolgreichen Ablauf der Aufbereitung zu gewährleisten, bedarf es:

1. eines in seinen Gehalten und seiner Struktur ständig annähernd gleichartig zusammengesetzten Haufwerkes,

2. qualitativer chemischer Analysen und mineralogischer Untersuchungen zum Erkennen der einzelnen nutzbaren Minerale, der Gangart und der beibrechenden Erze,
3. quantitativer Angaben über nützliche und schädliche bzw. störende Beimengungen,
4. eindeutiger Angaben über Verwachsungsverhältnisse und Korngrößen der im Rohhaufwerk vorhandenen Minerale,
5. der Durchführung von Aufbereitungsversuchen.

2.2 *Getrennte Bemusterung*

2.21 Muß Rohhaufwerk aus verschiedenen Revieren (Teufen) bzw. von benachbarten Gängen getrennt aufbereitet werden, wird es als verschiedene Mineralsorten betrachtet (z. B. Trusetal/Thür.).

Trusetal/Thür.: 1. Durch Letten verunreinigte, mit Brauneisenerz und Kalkstein verwachsene Schwerspäte,
2. überwiegend reine, weiße, mit Flußspat (und Quarz) verwachsene Schwerspäte.

2.22 Reine Schwerspäte bzw. Flußspäte sind gegenüber geringhaltigen, stark verunreinigten Partien abzugrenzen. Voraussetzung dafür ist, daß entsprechende Mengen vorhanden sind und diese getrennt abgebaut werden können. Besonders bei Farbspäten ist darauf zu achten, diese getrennt auszuweisen.

2.23 Eine getrennte Bemusterung und Berechnung ist auch dann notwendig, wenn:
1. Gänge, auf denen Flußspat und Schwerspat zusammen verwachsen vorkommen, nach der Teufe oder im Streichen in nur eine Hauptkomponente übergehen oder rein und mächtig (etwa ab 0,5 m) nebeneinander ausgebildet sind.
2. Flußspatgänge im Streichen in Schwerspatgänge übergehen oder Schwerspat nach der Teufe von Flußspat abgelöst wird.

2.3 *Bedeutung von Verunreinigungen und Verwachsungen*

2.31 Der Umfang der Aufbereitungstechnologie ist bei feinverwachsenem Gut viel höher als bei grobverwachsenem. Flußspatrohhaufwerk mit 25—30% CaF_2 kann z. B. noch gut aufbereitet werden, sofern es sehr grob verwachsen vorliegt. Ist es aber bei diesen Gehalten fein verwachsen oder verkieselt, darf es nicht als bauwürdig bezeichnet werden.

2.32 Innige Feinstverwachsungen, insbesondere kleinster, nur unter dem Mikroskop sichtbarer Körner (z. B. Quarz mit Flußspat), erfordern zu ihrem Aufschluß einen sehr großen Mahlaufwand, der sich erschwerend und verteuernd auf den Aufbereitungsvorgang auswirkt.

2.33 Feine Verwachsungen von Schwerspat mit Eisenerz oder höhere Gehalte an sulfidischen Erzmineralen (Kupferkies, Pyrit, Bleiglanz u. a.) und Verunreinigungen durch Letten können komplizierte Aufbereitungsverfahren notwendig machen und dadurch den Wert des Fluß- bzw. Schwerspates stark herabsetzen.

2.34 Alle mineralischen Beimengungen sind sorgfältig festzustellen, da sie die Aufbereitung bzw. die Verarbeitung in der Industrie beeinflussen:
1. Schwerspatgehalte in Flußspatlagerstätten oder umgekehrt,
2. Quarz und silikatische Minerale,
3. Siderit, Ankerit, Calcit (Karbonspäte),
4. Eisen-Manganoxyde und -Hydroxyde,
5. sulfidische Erzminerale (Kupferkies, Pyrit, Bleiglanz u. a.),
6. Gangletten und ähnliche tonige Komponenten,
7. wasserlösliche Bestandteile.

2.35 Die auf Flußspat- und Schwerspatlagerstätten vorkommenden Begleitminerale (Quarz, Karbonspäte, Brauneisen u. a.) haben selten industrielle Bedeutung und vermindern die Qualität der Hauptkomponente des Verkaufsproduktes, sofern man von den Schwerspat-Brauneisen-Vorkommen absieht, die noch Brauneisen als Wertstoff führen.

2.36 Neben den Schwerspatgehalten im Rohflußspat bzw. den Flußspatgehalten im Rohschwerspat sind alle Beimengungen (spez. Eisengehalte im Schwerspat) zu erfassen, sobald ihre Gehalte als industriell verwertbare Konzentrationen angesehen werden können. Für als Beimengungen auftretende Minerale (sulfidische Erzminerale u. a.) gelten dann die entsprechenden Instruktionen.

2.4 Von den bekannten Lagerstättenvorräten an Flußspat und Schwerspat ist beim heutigen Stand der Technik nur der Abbau jener Vorräte volkswirtschaftlich vertretbar, bei denen folgende Bedingungen erfüllt sind:

2.41 Zwischen der ausgeblockten Vorratsmenge, der Lage in der Lagerstätte, Lagerung usw., muß ein wirtschaftlich günstiges Verhältnis bestehen.
Die geologischen Verhältnisse müssen den Abbau technisch und wirtschaftlich ermöglichen.

2.42 Die Qualität des Rohhaufwerkes (Durchschnittsgehalt an verwertbaren Bestandteilen und störenden oder schädlichen Beimengungen, mineralogische Zusammensetzung, Verwachsungsverhältnisse usw.) muß die Gewinnung der Nutzstoffe ermöglichen.

2.43 Der Durchschnittsgehalt der Mineralvorräte muß über dem industriellen Minimalgehalt (s. Abschn. 5) der betreffenden Lagerstätte liegen.
Flußspat kann auf Schwerspatlagerstätten (auch umgekehrt) diesen vertreten, wenn er durch einen Aufbereitungsprozeß in ein absatzfähiges Produkt überführt werden kann. Ebenso können sich die Minimalgehalte unter Umständen vermindern, wenn vorliegende, nützliche Nebenbestandteile verwertet werden.

2.44 Mineralvorräte, für welche die Bedingungen 2.41 bis 2.43 erfüllt sind, heißen Bilanzvorräte.

2.5 Die Richtlinien der ZVK über Form und Inhalt von Vorratsberechnungen vom 6. 2. 1957 fordern im Abschnitt III (der Berichterstattung) von der geologischen Erkundung zuverlässige Angaben über die Substanzmenge der Bilanzvorräte, eindeutig die obigen Bedingungen der Qualität zu klären und außerdem jene Fragen zu beantworten, die bei Abbau und Verarbeitung entscheidende Bedeutung haben.
Hierzu gehören:

2.51 Für die bergmännische Gewinnung:
1. Substanzmenge, Tiefenlage und -erstreckung, Mächtigkeit, Aushalten und Ausdehnung der Lagerstätte,
2. Lagerungsverhältnisse, Tektonik und Struktur der Lagerstätte und ihrer Umgebung,
3. Eigenschaften des Nebengesteins,
4. die hydrogeologischen Verhältnisse,
5. die Oberflächenverhältnisse u. a.

2.52 Aus diesen Untersuchungen ergibt sich die Forderung, verschiedenartige Wertstoffe (Flußspat, Schwerspat, Eisenerz u. a.) getrennt zu gewinnen und zu verarbeiten, beeinflussen außerdem weitgehend die Einbeziehung minderwertiger Mineralvorkommen in die Bilanzvorräte.

2.53 Diese Untersuchungen sind ferner unerläßlich zur Festlegung der Technologie der Aufbereitung und Verarbeitung in der Industrie. Sie dienen der Planung der von diesen Rohstoffen abhängigen Wirtschaftszweige und erlangen in neu erkundeten Lagerstätten besondere Wichtigkeit für die Projektierung der Übertageanlagen und des Abbaus.

2.54 Die in der DDR z. Z. bekannten Lagerstätten liegen in technisch erreichbaren Teufen. Maximale Teufengrenzen für den Abbau haben somit keine praktische Bedeutung.

2.6 Die Bewertung von Fluß- und Schwerspat erfolgt nach dem Gehalt an CaF_2 bzw. $BaSO_4$ und schädlichen oder störenden Bestandteilen. Fluß- und Schwerspat werden z. Z. nach Entwürfen zu Lieferbedingungen (TGL) beurteilt. Auszüge aus der vorläufigen Form dieser TGL werden den Geologen im Anhang unverbindlich zur Kenntnis gegeben. Sie können noch geringfügigen Änderungen unterzogen werden, da sie z. Z. noch nicht bestätigt bzw. veröffentlicht sind. Zur Beurteilung der Qualität der Vorräte geben die TGL-Entwürfe die z. Z. brauchbarsten Grenzwerte.

2.61 Für den metallurgischen Flußspat werden Mindestgehalte von CaF_2 (85%) verlangt und maximal tragbare SiO_2-Gehalte (5%) festgelegt.
Die Stahlindustrie verlangt weniger als 1% $BaSO_4$ und unter 0,3% Schwefel.
$BaSO_4$-Gehalte im Flußspat erzeugen im Hochofenprozeß eine zähflüssige Schlacke.

2.62 Säurespat soll 95% CaF_2 und nicht über 1,5% SiO_2 enthalten. Der CaO-Gehalt soll 1,25% nicht übersteigen, da der Blindverbrauch an Schwefelsäure zu hoch ist. Schwerspat, Zinkblende, Bleiglanz sind unerwünscht.

2.63 Keramischer Flußspat für Glas und Emaille soll 95—96% CaF_2, nicht über 2,5—3% SiO_2, unter 0,12% Fe_2O_3 und unter 1% CaO enthalten. Metallische Verunreinigungen und Schwerspat sind unerwünscht.

2.64 Schwerspat, der als Farbspat bzw. Reduzierspat verwendet werden soll, muß weitestgehend frei von färbenden Bestandteilen, wie Eisen-Mangan-Oxyden und sulfidischen Erzmineralen (spez. Bleiglanz) sein.

2.65 Hohe Gehalte an Flußspat und Quarz sind im Reduzierspat untragbar.

3. Die Eingruppierung der Flußspat- und Schwerspatlagerstätten der DDR

Die Flußspat- und Schwerspatlagerstätten (bzw. Teile ders.) lassen sich nach Form, Struktur, Paragenese, Lagerungsverhältnissen usw. in mehrere Lagerstättentypen gliedern, zu deren Erkundung — im Charakter und Umfang — verschiedene Maßnahmen erforderlich sind, und bei deren Vorratsberechnung verschiedene Voraussetzungen erfüllt sein müssen.

3.1 *Ganglagerstätten (I)*

3.11 *Lagerstättentyp Ia Fluor bei Straßberg*

Lagerstätten mit durchgängiger oder linsenförmiger Gangspaltenfüllung mit einheitlicher und tektonisch wenig gestörter Lagerstättenausbildung.

3.12 *Lagerstättentyp Ib Hühn/Trusetal*

Lagerstätten mit komplexer, absätziger und/oder tektonisch stark gestörter Lagerstättenausbildung. (Verwerfungen, Überschiebungen größeren Ausmaßes.)

3.2 *Metasomatische Lagerstätten (II)*

3.21 *Lagerstättentyp II Schmalkalden*

Metasomatische Lagerstätten, gebunden an Störungen und Auffiederungszonen. Die Mineralisation ist stark absätzig bis horizontbeständig, im Streichen und Fallen bzw. in der Begrenzung z. T. sehr unregelmäßig.

4. Die Forderungen an die Methodik der geologischen Erkundung

4.1 Die geologische Vorerkundung tiefliegender Lagerstätten mit gleichmäßiger Ausbildung kann durch Bohrungen[1]) vorgenommen werden, in komplizierten Fällen durch ihre Kombination mit bergmännischen Arbeiten. Diese dominieren jedoch bei absätzigen und stark gestörten Lagerstätten.

4.11 Durch Bohrungen allein können C_2-Vorräte ausgewiesen werden, wenn die Lagerstätte verhältnismäßig ungestört und die Mächtigkeit im Streichen aushaltend ist.

4.12 In Ausnahmefällen können mit besonderer Zustimmung der ZVK C_1-Vorräte übergeben werden, wenn die Bohrergebnisse durch Schurfuntersuchungen ergänzt und die Bedingungen der Tabelle 1 erfüllt werden.

4.13 In der Regel können Vorräte höherer Klassen ($A_2—C_1$) nur durch bergmännische Arbeiten ermittelt werden. Bohrungen tragen hier Hilfscharakter.

4.14 Der größte Teil der Vorräte bei Lagerstättentyp I, besonders aber bei II, wird der Industrie in der Klasse C_1 übergeben. Die Aufwendungen für die Erkundung müssen in einem angemessenen Verhältnis zum Nutzen des erkundeten Minerals stehen.

[1]) Die Durchführung geophysikalischer Bohrlochmessungen ist bei allen Lagerstättentypen verbindlich.

4.15 Die Dichte der Bohrungen, Schurfgräben oder bergmännischen Aufschlüsse für den Nachweis von Vorräten der verschiedenen Klassen hängt von mehreren Faktoren ab:

1. der Form und Größe der Lagerstättenkörper,
2. dem Aushalten der Mächtigkeit,
3. der Zusammensetzung und Qualität der Lagerstätte,
4. der Absätzigkeit der Mineralführung,
5. den der Erkundung gestellten Aufgaben.

4.16 Die Abstände zwischen den Bohrungen, Schürfen und bergmännischen Arbeiten ergeben sich aus der Tabelle 1.

4.17 Die in der Tabelle 1 angegebenen Abstände können bei entsprechenden geologischen Erkentnissen vergrößert werden. Jede Überschreitung der Grenzwerte ist der ZVK im Bericht zur Vorratsberechnung mitzuteilen und zu begründen.

4.18 An den Kerngewinn bei Bohrungen im Lagerstättenkörper werden, wenn sie zur Bestimmung der Mächtigkeit und damit zur Vorratsberechnung herangezogen werden, folgende Bedingungen gestellt:

Kerngewinn 60—90% bestätigt durch geophysikalische Messungen für C_2-Vorräte,
Kerngewinn über 90% ohne geophysikalische Messungen für C_1-Vorräte.

4.19 Gamma-Messungen bei geophysikalischen Bohrlochuntersuchungen können bei Schwerspatlagerstätten zu Mächtigkeitsbestimmungen herangezogen werden. Die Ergebnisse können den Vorratsberechnungen zugrunde gelegt werden, wenn die Verläßlichkeit der geophysikalischen Angaben nachgewiesen wurde (z. B. durch Bohrangaben bei gutem Kerngewinn).

4.2 *Dokumentation*

4.21 Für die geologische Dokumentation von Erkundungsbohrungen und bergmännischen Erkundungsarbeiten hat die „Vorläufige Arbeitsanweisung zur Felddokumentation geologischer Erkundungsarbeiten" der Staatlichen Geologischen Kommission und der HV Erzbergbau Gültigkeit.

4.22 Diese und andere Anweisungen können nicht die Forderungen der ZVK außer Kraft setzen, die bei der Berechnung der Vorräte (s. 6ff.) erhoben werden.

4.3 *Probenahme*

Der Aufwand für Vorratsberechnungen (damit auch für die Bemusterungen) muß in einem angemessenen Verhältnis zum volkswirtschaftlichen Wert des Objektes (bzw. des Minerals) stehen. (Aus: „Richtlinien über Form und Inhalt von Vorratsberechnungen" vom 6. 2. 1957.)

4.31 Für die Bemusterung in Schurfgräben und bergmännischen Bauen wird die Meßbemusterung und Querschlitzprobe empfohlen.

4.311 Durch die Probenahme bzw. die Meßbemusterung (s. 4.331) ist die gesamte aufgeschlossene Mächtigkeit des Ganges bzw. des metasomatisch gebildeten Mineralkörpers zu erfassen. Treten in Lagerstätten mehrere Hauptqualitäten so auf, daß sie getrennt abgebaut werden können (Flußspat, Schwerspat, Eisenerz), müssen sie getrennt bemustert und vermessen werden.

4.312 Alle Bergemittel, Einlagerungen usw. sind bei einer Mächtigkeit von mehr als 0,3 m von der Bemusterung auszuschließen, wenn sie abbautechnisch ausgehalten werden können (z. B. Nebengesteinskeil zwischen zwei Gangtrümern).

4.313 Die Vereinigung gleichartiger Abschnitte eines Schlitzes zu einer Probe ist zulässig.

4.314 Die Vereinigung mehrerer Schlitzproben zu einer Probe und ihre gemeinsame Analyse ist im allgemeinen für die Hauptkomponenten unzulässig. Sie ist gestattet für die Nebenkomponenten, jedoch sollten auch in diesem Falle nicht mehr als drei, in Ausnahmefällen bis fünf Schlitze zu einer Gesamtprobe vereinigt werden (s. 4.4). Wenn die Proben jedoch in Abständen von 10 m und darunter genommen werden, ist die gemeinsame Analyse von höchstens 3 Proben für alle Komponenten zulässig. In solchen Fällen ist durch laufende Kontrolle darauf zu achten, daß die Vereinigung mehrerer Proben zu einem Probengut sachgemäß und unter Berücksichtigung der Mächtigkeiten erfolgt.

4.32 Die Bestimmungen 4.311—4.314 gelten sinngemäß für den Bohrkern.

4.321 Bei dem unter 4.38 genannten prozentualen Kerngewinn wird nur der Kern aus der Lagerstätte analysiert. Der gesammelte Bohrschlamm wird nicht ausgewertet. Dabei ist jedoch zu prüfen, ob beim Bohrprozeß nicht eine Verfälschung des Kerns durch Ausbröckeln freiliegender Minerale erfolgte.

4.322 Es sind Maßnahmen zu ergreifen (Doppelkernrohre, Trockenbohrungen, Diamant- und andere Spezialbohrkronen), die einen einwandfreien Kerngewinn gewährleisten.

4.33 Der Abstand der Einzeluntersuchungen (Meßbemusterung, Probenahme, Mächtigkeitsmessungen usw.) ist abhängig von der Beständigkeit der Mineralführung und beträgt in den bergmännischen Bauen mindestens 5 m. Die Abstände werden (bei Ganglagerstätten bei jedem Gang) durch den Betriebs- oder Erkundungsgeologen festgelegt. Einmal festgelegt, sind die Abstände der Bemusterung unbedingt konstant zu halten.

4.331 Flußspat- und Schwerspatlagerstätten rechtfertigen — die Probenahme und Analysen der Ausbildung des zu bemusternden Blockes bzw. Lagerstättenteiles — entsprechend durch eine sogenannte Meßbemusterung z. T. zu ersetzen. Der aufgeschlossene Mineralkörper wird dann in geringen Abständen (2—5 m) einer eingehenden Beobachtung unterzogen. (Flußspatgehalte in Schwerspat o. a. evtl. durch Einzelvermessung mit Zollstock schätzen oder berechnen.)

4.4 *Rohstoffliche Untersuchungen*

4.41 Die chemische Analyse ist bei allen Proben auf die Komponenten durchzuführen, deren industrielle Bedeutung durch Analysen u. a. festgestellt wurde.[2]) Zu einer derartigen Festellung ist eine größere Anzahl (15—20) Untersuchungen (Spektralanalysen) durchzuführen und in zeitlichen Abständen durch Einzeluntersuchungen die Richtigkeit bzw. die Gültigkeit der gemachten Feststellungen zu kontrollieren.

4.42 Es ist zulässig, die chemische Analyse von Einzelproben zu beschränken und die Analyse auf wertvolle Nebenkomponenten in Gruppenproben (d. h. 3—5 vereinigte Einzelproben) durchzuführen (s. 4.314).

4.43 Die Zuverlässigkeit der Analysenangaben des Labors muß durch Kontrollanalyse bestätigt werden. *Systematische Fehler* können durch *äußere* Kontrolle, d. h. wiederholte Analyse des zerkleinerten Probegutes, festgestellt werden. Hierzu ist mindestens einmal jährlich eine größere Probenanzahl (15—20) in einem anderen qualifizierten Laboratorium zu untersuchen. *Zufällige* Fehler können durch die *innere* Kontrolle, d. h. wiederholte Analysen chiffrierter Probenduplikate im gleichen Labor festgestellt werden.[3])

Die innere Kontrolle ist als ständige Kontrolle durchzuführen, um die Arbeiten des Labors während der ganzen Arbeitsperiode zu prüfen. Hierzu sind nicht weniger als 5% der Gesamtprobenanzahl notwendig. In Ausnahmefällen, die mit der ZVK zu vereinbaren sind, kann diese Anzahl bis auf 3% vermindert werden.

4.44 Die Auswertung der Ergebnisse der Kontrollanalysen erfolgt nach folgenden Grundsätzen:

4.441 Eine Analyse kann als richtig angesehen werden, wenn der zufällige Fehler der Analyse die in Tabelle 2 angegebenen Maximalwerte nicht überschreitet.

4.442 Wenn die äußere Kontrolle einen systematischen Fehler der Analysen festgestellt hat, können diese Analysen (weder die einen noch die anderen) der Berechnung der Vorratsklassen A und B nicht zugrunde gelegt werden. Nötigenfalls sind Schiedsanalysen bei einem hochqualifizierten Labor durchzuführen.

4.443 Die Einführung eines Korrektur-Koeffizienten als rechnerischer Ausgleich für den systematischen Fehler ist bei der Vorratsklasse C_1 und C_2 nur dann zulässig, wenn die Mineralgehalte wesentlich über dem industriellen Minimalgehalt liegen. Um außerdem die Zuverlässigkeit des Korrektur-Koeffizienten zu erhöhen, ist die Zahl der Kontrollanalysen für seine Berechnung zu verdoppeln.

4.45 Der Mineralbestand ist sorgfältig zu studieren. Es müssen ausreichende Unterlagen zur Beurteilung folgender Fragen vorliegen:

4.451 Das Mengenverhältnis von Flußspat (Schwerspat) zu Gangart, begleitenden Erzmineralen und taubem Gestein, Struktur und Textur des abzubauenden Minerals, typische Korngrößen der Minerale und Art der Mineralverwachsungen, besonders die Verwachsung von Fluß- und Schwerspat, müssen so eingehend studiert werden, daß vorausgesagt werden kann, unter welche Korngröße das Haufwerk zwecks seines Aufschlusses in einer Brech- und Mahlanlage annähernd zerkleinert werden muß.

4.452 Die Erscheinungsform wertvoller Beimengungen, ihre Bindung an bestimmte Minerale usw. muß so eingehend studiert werden, daß diese Unterlagen ausreichen, um die Technologie der Gewinnung der betreffenden Nutzstoffe festzulegen.

4.453 Im Zusammenhang mit diesen Untersuchungen ist der Klärung der Genese der Lagerstätte und der einzelnen Mineraltypen große Bedeutung beizumessen. Die Ergebnisse dieser Arbeiten ermöglichen nicht nur eine Beurteilung der bei der Vorratsberechnung zugrunde gelegten Verbreitung der Mineralisation (besonders nach der Teufe), sondern gestatten, auch andere Lagerstätten (Gänge usw.) des Bezirks mit größerer Sicherheit zu bewerten.

4.46 Das Raumgewicht des Haufwerkes muß durch Reihenuntersuchungen für Flußspat und Schwerspat festgestellt werden.

4.461 Die zuverlässigste Bestimmungsmethode besteht im Abbau eines bestimmten Volumens anstehenden Fluß- bzw. Schwerspates und seiner anschließenden Wägung. In besonders begründeten Fällen kann das Raumgewicht des Rohstoffes aus den Analysenergebnissen einer größeren Anzahl charakteristischer Proben errechnet werden.

4.462 Zeigt der Bohrkern an der Außenwand keine Auswaschung, Ausbröckelung usw., kann er bei Einhaltung bewährter Verfahren zur Bestimmung herangezogen werden.

4.463 Bei der Bestimmung des Raumgewichts wird gleichzeitig die Bergfeuchtigkeit ermittelt. Diese muß ebenfalls für die verschiedenen Mineralarten, bei großen Lagerstätten gesondert für jeden Lagerstättenteil (Gang usw.), erfolgen. Auf so detaillierte Untersuchungen kann nur dann verzichtet werden, wenn für die Beständigkeit der Bergfeuchtigkeit der Nachweis analoger Verhältnisse auf bekannten Lagerstätten erbracht wurde.

4.5 *Bergtechnische Untersuchungen*

4.51 Zur Klärung der den Abbau beeinflussenden Faktoren sind folgende Feststellungen zu machen:

4.511 Die physikalischen Eigenschaften des Nebengesteins (Bohrfähigkeit, Standfestigkeit, Klüftigkeit usw.)

4.512 die physikalischen Eigenschaften des Rohstoffes,

4.513 die wasserführenden Horizonte und Zonen (statische und piezometrische Wasserspiegel, Filtrationskoeffizient, Zonen möglicher Infiltration von Oberflächenwässern, Beziehungen zwischen den Wässern im Hangenden, Liegenden und in der Lagerstätte, mögliche Wasserzuläufe während des Abbaus, p_H-Wert und sonstige chemische Eigenschaften des zusetzenden Wassers u. a. m.).

4.514 Wenn die unter 4.511—4.513 genannten Bedingungen aus benachbarten Gruben einwandfrei bekannt sind,

[2]) Es ist wirtschaftlicher, die Beimengungen, die die Hauptkomponenten verunreinigen, zunächst spektralanalytisch festzustellen, da sie auf die Bilanzwürdigkeit Einfluß haben. Die nachfolgenden Vollanalysen sind sehr kostspielig.

[3]) Auch die Umrechnung der Analysen (s. OELSNER — Grundlagen zur Untersuchung und Bewertung von Erzlagerstätten) gibt gute Hinweise für diese Zwecke.

kann auf die Durchführung besonderer Untersuchungen verzichtet bzw. ihr Umfang weitgehend eingeschränkt werden.

4.6 *Zum rationellen Ausmaß der geologischen Erkundung*

4.61 Lagerstätten des Typs Ia (Fluor) werden geologisch bis zur Klasse A_2, des Typs Ib (Hühn) und II (Schmalkalden) in der Regel nur bis zur Klasse C_1 erkundet. B-Vorräte können bei Typ Ib und II nur mit ungerechtfertigt hohen Kosten ausgewiesen werden. Daher sind Investitionen bei diesen Lagerstättentypen schon auf Grund der Vorräte in den Klassen C_1 bzw. B und C_1 möglich. Allerdings ist die Erforschung der Lagerungsverhältnisse, der Rohstoffqualitäten und der technologischen Eigenschaften in solchen Fällen in einem Ausmaß notwendig, wie es für die Klasse A_2 bzw. B vorgeschrieben wurde.

4.62 Zur Einhaltung eines wirtschaftlich zu rechtfertigenden Ausmaßes der Ausgaben für geologische Erkundungsarbeiten sind die von der ZVK festgelegten Richtlinien zu beachten. (S. „Klassifikation der Lagerstättenvorräte fester mineralischer Rohstoffe“ § 6 P. 2.)

5. Der industrielle Minimalgehalt und der geologische Schwellengehalt

5.1 Bei gegebenen geologischen und technologischen Verhältnissen erfolgt die Abgrenzung der Bilanzvorräte von den Außerbilanzvorräten hauptsächlich nach den Parametern Mächtigkeit, Gehalt, Verwachsungsgrad und Verunreinigung.

5.2 *Begriffsdefinitionen*

5.21 Bei Vorratsberechnungen ist zu unterscheiden zwischen dem *industriellen Minimalgehalt*, d. h. dem geringsten wirtschaftlich noch tragbaren Durchschnittsgehalt des Fördergutes (Aufgabegut für die Aufbereitungsanlage) und dem *geologischen Schwellengehalt*, d. h. dem geringsten Gehalt in einer anstehenden Mineralpartie der Bilanzvorräte, mit der reichere Partien bei Einhaltung des industriellen Minimalgehaltes noch verschnitten werden können. Der geologische Schwellengehalt legt damit auf der Lagerstätte die Grenze zwischen Bilanz- und Außerbilanzvorräten fest.

5.22 In der Praxis muß somit unterschieden werden zwischen drei — sich auf den Gehalt beziehenden — Begriffen:

5.221 Der *tatsächliche Durchschnittsgehalt* des an die Aufbereitung gelieferten Aufgabegutes bzw. der tatsächliche Durchschnittsgehalt der Lagerstätte oder ihres Teiles (berechnet nach den vorliegenden Erkundungsergebnissen); er darf nicht niedriger sein als der industrielle Minimalgehalt.

5.222 Der *industrielle Minimalgehalt* ist die untere Grenze für den Durchschnittsgehalt des an die Aufbereitung bzw. an die Industrie gelieferten Rohstoffes. Diese Grenze bezeichnet also jenen Durchschnittsgehalt einer Tages-, Schicht- usw. -Lieferung, unter welchem eine wirtschaftliche Verarbeitung des Rohstoffes z. Z. unmöglich ist. Der industrielle Minimalgehalt ist nie niedriger als der geologische Schwellengehalt.

5.223 Der *geologische Schwellengehalt* ist die vom Geologen für jeden Vorratsblock, Lagerstättenteil oder die ganze Lagerstätte festgelegte Gehaltsgrenze, welche die abbauwürdigen Vorräte (Bilanzvorräte) von den nicht abbauwürdigen (Außerbilanzvorräten) abgrenzt. Der geologische Schwellengehalt kann mit dem industriellen Minimalgehalt zusammenfallen, liegt jedoch meist darunter. Der Gehaltsunterschied beider ergibt sich aus der Möglichkeit, hochwertige Mineralpartien durch minderwertige bis zum industriellen Minimalgehalt zu verschneiden.

5.224 Der tatsächliche Durchschnittsgehalt ist wichtig für betriebliche Abrechnungen und Planungen; der industrielle Minimalgehalt ist die wichtigste Bezugsziffer für gesamtwirtschaftliche Vorratsberechnungen; der geologische Schwellengehalt hat lediglich örtliche Bedeutung für die Festlegung der Abbaugrenzen.

5.31 Der *industrielle Minimalgehalt* wird bei gegebenem technischem Entwicklungsstand einheitlich für einen Lagerstättentyp bzw. für jede Lagerstätte festgelegt.

5.311 Auf Grund ständig oder zeitweilig wirkender, besonderer Faktoren (z. B. veraltete Aufbereitungsanlage) kann der eine oder andere Betrieb vom industriellen Mindestgehalt abweichende (d. h. höhere) Forderungen stellen. Diesen Forderungen kann durch die übergeordnete Verwaltung zugestimmt werden. Dabei gehen für die Volkswirtschaft bestimmte Rohstoffmengen verloren, die unter technisch normalen Bedingungen verwertbar wären.
Bei der Vorratsberechnung sind in solchen Fällen die Vorräte auf der Grundlage des allgemein gültigen *industriellen Minimalgehaltes* zu berechnen. Für betriebliche Zwecke ist eine ergänzende Berechnung auf Grund des individuell für die Lagerstätte vereinbarten Minimalgehaltes vorzunehmen. Der Unterschied zwischen beiden ist als *projektierter Mineralverlust* auszuweisen.

5.312 Der *geologische Schwellengehalt* (und damit die gehaltlich minderwertigen Mineralpartien, die an der Grenze der Bilanzvorräte noch in diese bei Einhaltung des aufgegebenen industriellen Minimalgehaltes einbezogen werden können) kann sich ändern und hängt vom Durchschnittsgehalt des betreffenden Blockes, Lagerstättenteiles, der Lagerstätte usw. ab. Er ist um so niedriger, je öfter höhere Gehalte in größeren Lagerstättenteilen angetroffen wurden. Der geologische Schwellengehalt ist daher in jedem einzelnen Falle vom Betriebs- oder Erkundungsgeologen auf Grund der vorliegenden Mineralisationsverhältnisse festgelegt.

5.313 Zur rationellen Nutzung von Flußspat- und Schwerspat-Lagerstättenvorräten durch Verwertung aller oder der wesentlichsten nützlichen Bestandteile muß sich der industrielle Minimalgehalt auf alle nutzbaren Komponenten des mineralischen Rohstoffes beziehen.

1. Für jeden Lagerstättentyp (bzw. jede Lagerstätte) wird der industrielle Minimalgehalt für Flußspat und Schwerspat festgelegt.
2. Für Flußspat-Schwerspat-Lagerstätten, bei denen die Aufbereitung verkaufsfähigen Flußspat und Schwerspat produziert, können die den industriellen Minimalgehalt übersteigenden Gehalte der einen Komponente, fehlende Gehaltsanteile (bis zu ihrem Schwellengehalt) der anderen Komponente ersetzen.
3. Günstige Bedingungen bei Eisenerz-Schwerspat-Lagerstätten oder Teilen derselben können die Bewertung von Schwerspat heben, wenn letzterer neben dem Erz günstig zu gewinnen ist.
   Die wertvollen Nebenkomponenten müssen bei der Festsetzung des industriellen Minimalgehaltes berücksichtigt werden.

5.4 Zu den Bilanzvorräten gehören jene Vorräte, die in bezug auf Mächtigkeit und Gehalt über der Minimalmächtigkeit und dem industriellen Minimalgehalt liegen sowie technisch gewonnen und verarbeitet werden können.
Für neu erkundete Lagerstätten sind aufbereitungs- und verarbeitungstechnische Untersuchungen zu veranlassen; der Bericht über das positive Ergebnis dieser Prüfungen ist mit der Vorratsberechnung vorzulegen. Wenn derartige Versuche nicht durchgeführt werden, ist der Nachweis zu erbringen, daß Bestand, Aufbau und sonstige Verhältnisse der erkundeten Lagerstätten mit anderen, gleichartigen Lagerstätten, die bereits genutzt werden, übereinstimmt.

5.5 Zu den Außerbilanzvorräten sind solche Vorräte zu rechnen, deren Mächtigkeit und Gehalte, besondere komplizierte Lagerungsverhältnisse usw. gegenwärtig eine volkswirtschaftliche Nutzung nicht ermöglichen. Hierzu gehören außerdem alle jene Vorräte, deren Verarbeitung technologisch noch nicht gelöst ist. Sie werden nur bis zu einer unteren Gehaltsgrenze geführt (s. 5.7).

5.6 Es ist zweckmäßig, aus diesen Vorräten jenen Anteil gesondert als bedingte Außerbilanzvorräte zu führen, der bei verhältnismäßig geringfügigen Verbesserungen in der Technik des Abbaus, Aufbereitung und Verarbeitung in der Industrie einer volkswirtschaftlichen Verwertung zugeführt werden kann.
Es handelt sich somit um Vorräte

5.61 deren Mächtigkeiten nur um ein geringes unter den Mindestmächtigkeiten liegen,

5.62 deren Gehalte nur um ein geringes unter den Mindest gehalten liegen,

5.63 deren schädliche Beimengungen voraussichtlich bald technisch überwunden werden können,

5.64 deren nützliche Beimengungen voraussichtlich bald technisch gewonnen werden können und damit — bei komplexer Verwertung — die bedingten Außerbilanzvorräte zu Bilanzvorräten machen,

5.65 an deren Technologie der Verarbeitung (Aufbereitung, industrielle Verarbeitung usw.) gegenwärtig erfolgversprechend gearbeitet wird.

5.7 Für jede Lagerstätte werden die industriellen Minimalgehalte der Bilanzvorräte, die unteren Berechnungsgrenzen der Außerbilanzvorräte (unter welchen mineralisierte Partien auch auf weite Sicht ohne praktische Bedeutung bleiben) und die jeweiligen Grenzen der bedingten Außerbilanzvorräte gesondert bekanntgegeben.

5.8 Neu erkundete Lagerstätten mit verhältnismäßig geringen Vorräten oder solche, die auf Grund ihrer Lagerung und sonstigen geologisch-ökonomischen Positionen eine fragwürdige wirtschaftliche Bedeutung haben, werden nach eingehender Prüfung und Begutachtung durch entsprechende Fachleute (Aufbereiter, Metallurgen u. a.) von der ZVK in die entsprechende Vorratsgruppe (Bilanz- oder Außerbilanzvorräte) überwiesen. Die Vorratsberechnung ist vom Erkundungsgeologen auch in solchen Fällen nach den bekannten Richtwerten so durchzuführen, wie es oben vorgeschrieben wurde.

6. Einstufung der Vorräte in die Vorratsklassen

6.1 Zur Klasse A_1 gehören Vorräte, wenn alle Bedingungen des § 5 P. 1a der „Klassifikation der Lagerstättenvorräte fester mineralischer Rohstoffe" erfüllt sind.

6.11 Bei den in der DDR bekannten Flußspat und Schwerspat führenden Lagerstätten können auf Grund ihrer geologischen Ausbildung im allgemeinen Vorräte der Klasse A_1 weder im Verlaufe der geologischen Erkundung noch in der Vorrichtung festgestellt werden.

6.2 Zur Klasse A_2 gehören Vorräte, wenn alle Bedingungen des § 5 P. 1b der „Klassifikation der Lagerstättenvorräte fester mineralischer Rohstoffe" erfüllt sind.

6.21 Durch die geologische Erkundung können Vorräte dieser Klasse lediglich beim Lagerstättentyp I a festgestellt werden.

6.22 Lagerstättenteile, die durch tektonische Bewegungen zerstückelt sind oder durch ihre Lage in der Oxydationszone eine ungleichmäßige Mineralführung haben, können nicht in der Klasse A_2 ausgeblockt werden.

6.23 Für die Vorratsblöcke der Klasse A_2 müssen mindestens folgende Forderungen erfüllt sein:

6.231 Die Abmessungen müssen den Bedingungen der Tabelle 1 entsprechen. Die Mächtigkeit des Mineralkörpers muß voll erschlossen sein, nötigenfalls müssen Orte, Querschläge, Gesenke, Überhauen usw. (evtl. kombiniert mit Untertagebohrungen) aufgefahren werden.

6.232 Auf Grund von Schurfgräben und Bohrungen können A_2-Vorräte nicht berechnet werden.

6.3 Zur Klasse B gehören Vorräte, wenn alle Bedingungen des § 5 P. 1c der „Klassifikation der Lagerstättenvorräte fester mineralischer Rohstoffe" erfüllt sind.

6.31 Für die Klasse B müssen folgende Forderungen erfüllt sein:

6.311 Die Entfernungen zwischen den bergmännischen Bauen bzw. Schurfgräben müssen den in Tabelle 1 angegebenen Werten entsprechen. Ein geringerer Aufschlußgrad genügt ausnahmsweise dann, wenn bedeutende Flächen der Lagerstätte oder eines Lagerstättenteils bereits abgebaut wurden und die Ergebnisse sowohl zahlenmäßig bekannt sind als auch mit neu erhaltenen Untersuchungsergebnissen übereinstimmen und auf Grund der Genese der Lagerstätte mit einer Änderung der Verhältnisse nicht zu rechnen ist.

6.312 Die Mächtigkeit des Mineralkörpers muß voll erschlossen sein, andernfalls müssen Orte, Querschläge, Gesenke, Überhauen usw. aufgefahren werden.

6.313 Auf Grund von Schürf- und Bohrergebnissen allein können keine Vorräte der Kategorie B berechnet werden (s. Anm. Tab. 1).

6.4 Zur Klasse C_1 gehören Vorräte, wenn alle Bedingungen des § 5 P. 1 d der „Klassifikation der Lagerstättenvorräte fester mineralischer Rohstoffe" erfüllt sind.

6.41 Bei den Lagerstättentypen I b und II werden auf Grund der vorhandenen Unsicherheitsfaktoren im allgemeinen nur C_1-Vorräte übergeben. Die bergmännischen Erkundungsarbeiten werden mit der Übergabe der C_1-Vorräte abgeschlossen. (S. 4.61)

6.42 Die Extrapolation an Vorräten der Klassen A_2 und B sowie an bemusterte und bereits abgebaute Blöcke bei in Erkundung oder Abbau befindlichen Lagerstätten der Typen I a, I b und II kann nach den in der Tabelle 1 angegebenen Werten erfolgen, wenn die geologischen Voraussetzungen vorhanden sind.

6.43 Die Mineralsorten und ihre Verteilung können in den Blöcken dieser Klasse unter Auswertung der Daten aus benachbarten Vorratsblöcken höherer Klassen in allgemeinen Umrissen angegeben werden.

6.44 Wenn die Gehalte aus den verhältnismäßig vereinzelten Erkundungsarbeiten an der Grenze des industriellen Minimalgehaltes liegen, werden die Gehalte anliegender Blöcke sowie die geologische Situation u. a. hinzugezogen, um die Eingruppierung der Vorräte (in Bilanz- und Außerbilanzvorräte) zu entscheiden.

6.5 Vorräte gehören dann zur Klasse C_2, wenn alle Bedingungen des § 5 P. 1 e der „Klassifikation der Lagerstättenvorräte fester mineralischer Rohstoffe" erfüllt sind.

6.51 Es handelt sich somit um Vorräte in Lagerstätten oder Lagerstättenteilen, die auf Grund ihres niedrigen Erkundungsgrades nicht in höhere Klassen eingestuft werden können.
Darunter ist zu verstehen:

6.511 Die Entfernungen zwischen den Erkundungspunkten übersteigen die für C_1 vorgesehenen Werte,

6.512 Bohrungen und Schürfgräben liegen in den in Tabelle 1 angegebenen Entfernungen und sind zur Bewertung der Lagerstätte herangezogen worden,

6.512 Gangstrecken stehen beim Lagerstättentyp I und II im neu zu erkundenden Feld und haben an mehreren Stellen die ganze Mächtigkeit des Ganges bzw. der Lagerstätte durch Querschläge aufgeschlossen. Von den Auffahrungen können durch Berechnung und Extrapolation nach oben und in die Teufe Vorräte (ensprechend Tabelle 1) ausgeblockt werden. Die Länge dieser Blöcke wird nur durch die Strecke und Gangausbildung begrenzt.

6.514 Die Extrapolation an Blöcke der Klassen A_2 und B (sowie an bemusterte und bereits abgebaute Blöcke) kann nach den in Tabelle 1 angegebenen Werten nach oben und in die Teufe erfolgen. Die angegebenen Werte gelten auch für flach bis horizontal liegende Vorkommen. (Desgl. für Extrapolationen bei C_1-Vorräten.)

6.515 Die Vorräte liegen auf extrapolierten Flächen, die hinreichend geologisch begründet sind. Extrapolierte C_1-Blöcke haben für C_2-Vorräte keine Aussagekraft.

6.516 Die Entfernungen bei der Extrapolation betragen beim Lagerstättentyp

I a Fluor:	50 m nach oben und in die Teufe
I b Hühn:	20 m „ „ „ „ „ „
II Schmalkalden	20 m „ „ „ „ „ „

6.6 Diese Instruktion tritt am 1. März 1958 in Kraft.

7. Anhang: Tabelle 1 bis 10

Berlin, den 19. Februar 1958

ZENTRALE VORRATSKOMMISSION
FÜR MINERALISCHE ROHSTOFFE DER DDR
Der Vorsitzende
I. A.
LEWIEN

7. Anhang

7.1 Tabelle 1

	Lagerstättentyp	Art der Untersuchung	Blockgrößen bzw. Abstände zwischen den einzelnen Erkundungsarbeiten in m							
			A_2		B		C_1		C_2	
			im Str.	im Fal.	im Str.	im Fal.	im Str.	im Fal.	im Str.	im Fal.
I	Typ Fluor a	Schurfgräben	–	–	15 [1])	–	30 [1])	–	60 [1])	–
		Bohrungen	–	–	–	–	50	50	100	100
		Bergm. Auffahr.	50	50	100	50	100	100	> 100	50 [2])
	Typ Hühn b	Schurgräben	–	–	–	–	15	–	30	–
		Bohrungen	–	–	–	–	–	–	50	50
		Bergm. Auffahr.	–	–	25	25	50	50	> 50	20 [2])
II	Schmalkalden	Schurfgräben	–	–	–	–	15	–	30	–
		Bohrungen	–	–	–	–	–	–	50	50
		Bergm. Auffahr.	–	–	25	25	50	50	> 50	20 [2])

[1]) Bei den Kategorien A_2-C_1 können Schurf- und Bohrergebnisse in der Regel (s. 4.12) nur in Verbindung mit bergmännischen Erkundungsauffahrungen zur Vorratsberechnung herangezogen werden

[2]) Zulässige Extrapolation nach oben und in die Teufe (bei horizontaler Lagerung senkrecht zur Auffahrung)

7.2 Tabelle 2

Maximal zulässige Abweichungen bei Analysen

Zulässige mittlere Fehler bei chemischen Analysen nach den Haupt- u. Kontrollanalysen (nach Angaben d. GKS, Moskau)

Komponenten	Gehalt im Erz in absoluten Prozenten	Höchster zulässiger durchschnittlicher (mittlerer) Fehler in Prozenten, bezogen auf den Gehalt der zu bestimmenden Komponenten in der Probe
Bariumsulfat	über 85	1–2
	85–50	2–3
	50–20	3–5
	bis 20	5–6
Blei	über 6	3–6
	6–0,5	6–12
	unter 0,5	12
Zink	über 10	3–6
	10–0,5	6–15
	unter 0,5	15
Kupfer	über 3	3–7
	3–0,5	7–10
	unter 0,5	10–15
Eisen	über 20	3–5
	20–5	5–7
	unter 5	7–10
Silber	über 30	3–5
	30–10	5–12
Flußspat	über 40	2–3
	40–10	3–5
	unter 10	5
Lösliche Salze	über 1,0	5–10
	1,0–0,3	10–20
Kalziumoxyd	über 1,5	5
	1,5–0,5	5–10

Anmerkung: In der Tabelle sind die zulässigen mittleren Werte der zufälligen Fehler (Abweichungen in den Analysen) zusammengestellt, die als arithmetisches Mittel aus den Differenzen der Kontroll- und Hauptanalyse der einzelnen Proben ohne Berücksichtigung des Vorzeichens der Probe bestimmt werden. Die auf diese Weise abgeleiteten mittleren Fehler wurden zum Vergleich mit den Daten der Tabelle in (relativen) Prozent zum mittleren Gehalt der Komponenten, bestimmt aus den gleichen Proben, ausgedrückt.

7.3 *Auszüge aus der TGL Flußspat*

7.31 Flußspat dient u. a. als Ausgangsstoff für Flußsäure und flußsaure Salze sowie als Hilfsstoff in der Hütten-, Glas- und keramischen Industrie.

7.32 Tabelle 3

Chemische Forderungen an Flußspäte

Kurzzeichen	% = Gehalt					
	CaF_2	SiO_2	$CaCO_3$	Gesamt-Fe	Al_2O_3	Gesamt-Schwefel
				höchstens		
98	über 98	1,0	0,5	0,5	0,5	0,1 [1])
A 97	über 97	0,5	2,0	1,0	0,5	0,15 [2])
B 97	bis 98	1,5	1,0			
A 95	über 95	1,0	3,0	1,0	0,5	0,2
B 95	bis 97	3,0	2,0	1,5		
A 92	über 92	3,0	6,0	1,0		0,3
B 92	bis 95	5,0	2,0	4,0	0,5	0,4
D 92						0,3
A 85	über 85	5,0	9,0	4,0	0,5	0,4
B 85	bis 92	10,0	3,0			
C 75	über 75	20,0	15,0	4,0	1,0	0,5
D 75	bis 85			7,0		
A 65	über 65	15,0	25,0	8,0	2,0	0,8 [3])
B 65	bis 75	25,0	15,0			
55	über 55 bis 65	30,0	25,0	10,0		1,0 [3])

Erläuterung: A = kieselsäurearm
B = karbonatarm
C = eisenarm, besonders für die Glasindustrie
D = besonders für die Stahlerzeugung

Die Forderungen beziehen sich auf lufttrockenes Gut.

[1]) Baryt höchstens in Spuren

[2]) Barytgehalt höchstens 1%

[3]) Richtzahl der Forderung

7.321 Brauchbare Grenzwerte zur Beurteilung von schwerspatreichen Flußspäten.
(Gehören nicht zur TGL Flußspat![1]).

%-Gehalt				
CaF_2	SiO_2	$CaCO_3$	R_2O_3 (Fe_2O_3 Al_2O_3)	Gesamt-Schwefel
über 92 bis 95	3,0	0,5	2,0	0,7 [2])
über 85 bis 92	4,0	0,5	2,0	1,6 [2])
über 75 bis 85	8,0	1,0	3,0	2,6 [2])
über 65 bis 75	12,0	2,0	4,0	3,2 [2])

[1]) Analysenwerte aus dem VEB Eisenmanganerzbergwerke Schmalkalden.

[2]) Mindestens 90% als Sulfatschwefel.

7.33 Tabelle 4

Physikalisch-technische Forderungen an Flußspäte

	Kurzzeichen	Körnung	Wasser Gew.% höchstens
Mehl	M	mindestens 85% unter 0,100 mm; kein Korn über 0,20 mm	0,5
Flotationskonzentrat	F	mindestens 50% unter 0,100 mm; 75% unter 0,20 mm; kein Korn über 0,315 mm	0,5
Grus	G	kein Korn über 3,15 mm	3,0
Körner	K 12,5 K 20 A K 20 B	von 1,0 bis 12,5 mm von 1,0 bis 20 mm von 12,5 bis 20 mm } mit natürl. Abrieb	1,5
Stücke	S 50 S 100 S 150 S 200	von 10 bis 50 mm von 10 bis 100 mm von 10 bis 150 mm von 10 bis 200 mm } mit natürlichem Abrieb	1,0

Der Kornanteil wird an lufttrockenem Gut bestimmt.

7.4 *Auszüge aus einem Entwurf zur TGL Schwerspat*

7.41 Schwerspat dient als Rohstoff für die Lithoponeherstellung, als Farbstoffträger für die Lack- und Farbenindustrie, als Belastungs- und Füllstoff in der Papier-, Gummi- und Kunststoffindustrie, im Schiffbau und Kranbau, in der Baustoffindustrie sowie in der Aufbereitungs- und Tiefbohrtechnik. In der chemischen Industrie wird Schwerspat als Grundstoff für die Erzeugung von Bariumverbindungen benutzt.

7.42 Sorten

Kurzzeichen	Sorte	
R	Reduzierspat	Klasse 1–5
B	Belastungsspat	Klasse 1–3
F	Farbspat	Klasse 1–5

7.43 Bezeichnung
Reduzierspat mit 90—92% $BaSO_4$ Stücke von 0—150 mm gewaschen:

7.44 Tabelle 5

Chemische Forderungen an Reduzierspat

Kurzzeichen	Bezeichnung	Gehalte in %			
		$BaSO_4$	R_2O_3	SiO_2	CaF_2
		von bis	höchstens		
R 1	Reduzierspat Kl. 1 95	95,01 u. mehr	3,0[1]		0,2
R 2	Reduzierspat Kl. 2 92/95	92,01–95,00	5,0[2]		0,5
R 3A	Reduzierspat Kl. 3A 90/92	90,01–92,00	5,0	3,0	1,0
R 3B	Reduzierspat Kl. 3B 90/92	90,01–92,00	3,0	3,0	3,0
R 4A	Reduzierspat Kl. 4A 85/90	85,01–90,00	6	4,0	1,0
R 4B	Reduzierspat Kl. 4B 85/90	85,01–90,00	4	4,0	3,0
R 5	Reduzierspat Kl. 5 80/85	80,01–85,00	3	12,0	0,2

[1]) SiO_2-Gehalt nicht über 1%
[2]) SiO_2-Gehalt nicht über 2%.

7.45 Tabelle 6

Physikalisch-technische Forderungen an Reduzierspat

Kurzzeichen	Bezeichnung	Korngröße in mm
U	Grubenförderung ungewaschen 0/300	0–300
St 1	Stücke 1 gewaschen 0/150	0–150
St 2	Stücke 2 gewaschen 0/50	0–50
K	Körner gewaschen 0/16	0–16

7.46 Tabelle 7

Physikalisch-technische Forderungen an Belastungsspat

Kurzzeichen	Bezeichnug	Spezifisches Gewicht in g/cm³ von	bis
B 1	Belastungsspat Kl. 1	4,26 und mehr	
B 2	Belastungsspat Kl. 2	4,01	4,25
B 3	Belastungsspat Kl. 3	bis	4,00

7.47 Tabelle 8

Belastungsspat wird geliefert als

Kurzzeichen	Bezeichnung	Korngröße in mm
U	Grubenförderung ungewaschen 0/300	0–300
St	Stücke gewaschen 40/150	40–150
K	Körner gewaschen 0/16	0–16
M	Mehl 0,063	0,063

7.48 Tabelle 9

Physikalische und chemische Forderungen an Farbspat

Kurzzeichen	Bezeichnung	Reflexionsgrad von %	bis %	$BaSO_4$ % mindestens
F 1	Farbspat weiß	90,1	100,0	80
F 2	„ hell	86,1	90,0	80
F 3	„ mittel	80,1	86,0	80
F 4	„ grau	72,1	80,0	75
F 5	„ dunkel	unter	72,0	75

Farbspat muß frei von organischen und wasserlöslichen Bestandteilen sein. Der Feuchtigkeitsgehalt von Schwerspatmehl darf maximal 0,2% H_2O nicht überschreiten.

7.49 Tabelle 10

Farbspat der Sorten 1—5 wird geliefert als

Kurzzeichen	Bezeichnung	Korngröße in mm
St 1	Stücke 1 gewaschen 0/150	0–150
St 2	Stück 2 gewaschen 0/50	0–50
K	Körner gewaschen 0/16	0–16
G	Grus gewaschen 0/2	0–2
M 1	Mehl 1 0,100	0–0,100
M 2	Mehl 2 0,08	0–0,08
M 3	Mehl 3 0,063	0–0,063

Zeitschrift für angewandte Geologie (1958) Heft 6

„Wüstungen" und geologische Kartierung

ROBERT HUTH, Berlin

„Wüstungen" sind Gemarkungen ehemaliger Siedlungsplätze (Städte, Dörfer, Weiler oder Häusergruppen), die in früheren Jahrhunderten aus unterschiedlichsten Gründen (Kriege, Seuchen, Mißernten u. a.) von ihren Bewohnern verlassen und „wüst" wurden.

Viele „Wüstungen" und „Dorfstellen" sind besonders in den mittleren und südlichen Bezirken der DDR, aber nicht nur dort, bekannt und auf den Meßtischblättern 1 : 25000 vermerkt. Außer diesen mit Namen, Ortslage und anderen historischen Daten mehr oder weniger genau überlieferten Ansiedlungen bestanden vor allem in Mitteldeutschland noch zahlreiche andere, die bisher unauffindbar geblieben sind. Von ihrem einstigen Dasein künden nur noch die Archive und Chroniken. Die topographischen Karten verraten nichts; nur in Ausnahmefällen hat der kartierende Topograph irgendeinen vagen Hinweis aus der Bevölkerung oder von einer interessierten Dienststelle auf dem Meßtischblatt festgehalten („vermutl. Dorfstelle . . ."). Für die Lückenhaftigkeit der Überlieferungen gibt es zahlreiche kennzeichnende Beispiele. Erhalten gebliebene Aufstellungen der den Burgen und Klöstern zinspflichtig gewesenen Dörfer enthalten oftmals Ortsnamen, von denen außer den Namen keine Spur mehr übriggeblieben ist.

Neuerdings bemühen sich die Historiker, die Wüstungsforschung in Gang zu bringen. Die bekannten alten Dorfstellen sollen kartiert und verschollene Wüstungen, wenn möglich, doch noch ermittelt werden. In einigen Kreisen beteiligen sich an diesen Arbeiten und Geländeaufnahmen auch die mit der Heimatkunde sich beschäftigenden Gruppen im Kulturbund zur demokratischen Erneuerung Deutschlands. Obwohl die Geländearbeiten erst begonnen haben, liegen bereits einige bemerkenswerte Beobachtungen und Ergebnisse[1]) vor, die dazu anregen, sie auch für die Geologie auszuwerten.

Wenn auffallende Reste von wüst gewordenen Dorfstellen fehlen (z. B. Ruinen, behauene Bausteine, kennzeichnende Grundrißformen von Häusern u. a. m.), dann sind sog. Steinritschen, die Steinwälle als Merkzeichen ehemaliger Feldergrenzen, oftmals die einzigen Zeugen einstiger Besiedlung.

Steinhaufen an heutigen Feldrainen, von den Bauern aus den angrenzenden Ackerflächen zusammengetragen und im Laufe der Jahre und Jahrzehnte zu langgestreckten Steinwällen und -rücken emporgewachsen, werden von kartierenden Geologen stets aufmerksam geprüft. Je größer die Kulturfläche, die das Haufwerk lieferte, je abwechslungsreicher die Geologie des Geländes, um so reichhaltiger auch die Gesteinssammlung in den Feldlesesteinhaufen. Sind auch die Wälle, Kämme und Grate zwischen den Feldern mitunter schon recht alt, verwittert und mit Buschwerk überwachsen — der Kartierer ist nicht im Zweifel darüber, es mit von Menschen zusammengelesenen Steinhaufen zu tun zu haben, wenn ihre Lage an Feldrändern eindeutig und übersichtlich geblieben ist. Dem Kartierer bleibt dann nur zu prüfen übrig, ob die Lesesteine aus den unmittelbar angrenzenden Ackerflächen oder auch von etwas entfernteren Fluren herbeigeschleppt worden sind.

Die Wüstungsforschung hat nun auch andere, „historische" Steinhaufen ermittelt, die infolge ihres Alters, ihrer gegenwärtigen Lage, ihrer fortgeschrittenen Zerstörung, Einebnung und Überwachsung nicht mehr ohne weiteres als Lesesteinwälle zu erkennen sind. Mitten in Forsten wurden sie aufgefunden, unter hohen Kiefern- und Fichtenaltbeständen, weitab von gegenwärtigen Dörfern und Äckern; sie lassen trotzdem die Grenzen ehemaliger Feldflächen mit einiger Sicherheit festlegen. Sind auch die zugehörigen Dörfer und Weiler in ihrer Ortslage noch unbekannt — ihre Wirtschaftsflächen lassen sich bei sorgfältiger Kartierung der Steinhaufenspuren noch ausmachen. Flache Hügelchen im Forst, schmale, nur wenige Zentimeter oder Dezimeter hoch aufbuckelnde Erhebungen, nur selten noch langgestreckt und geradlinig, meist schon in einzelne getrennte Kuppen aufgelöst, aber als ehedem zusammenhängend oder parallellaufend von der Kartierung erwiesen —, so geben sich jetzt die an den Feldrainen alter Wüstungsfluren aufgehäuften Steinritschen zu erkennen. Schon die ersten Kartierungsergebnisse lassen darauf schließen, daß solche historischen Flurgrenzen weit verbreitet sind und künftig an vielen anderen Stellen noch erkannt werden.

Aus den historischen Feldlesesteinwällen hat der kartierende Geologe die entsprechenden Schlüsse zu ziehen, um sich vor Fehldeutungen (Gesteinswechsel, falsche Grenzen, Härtlinge) zu bewahren. Sehr wahrscheinlich dürften vorliegende geologische Karten, auch bodenkundliche und Standortskarten der Forstwirtschaft, irrtümliche Grenzziehungen und Eintragungen enthalten, weil die Bodenwellen der Steinritschen bisweilen geologisch-morphologisch gedeutet und nicht als Menschenwerk erkannt worden waren. Diese Vermutung bestätigte sich: In den Buntsandsteinwäldern des Blattes Remda (Thüringen) fand Verf. an mehreren Stellen Steinritschen. Zwei (am Musensitz nördlich von Lichstedt und auf der Höhe des „Tell" im Paulinzellaer Forst) sind als Schichtstufen von Konglomeratlagern angesehen und darum auf der alten geologischen Karte als ausstreichende Geröllhorizonte eingezeichnet worden.

Wenn nunmehr darauf geachtet wird, daß unter mancher Bodenwelle sich ein schlichter alter Steinhaufen verbirgt, dessen Komponenten einst auf ausgedehnten Ackerbreiten verstreut lagen, dann dürften verschiedene Grenzen berichtigt werden und manche Eintragungen von vermeintlichen Härtlingen, Blockpackungen u. a. aus den geologischen Karten verschwinden und in die Wüstungskartierung überwechseln.

Bisher wurden überhaupt die Bedeutung der Wüstungen und die Verbreitung ehemaliger Besiedlungsstätten und Wirtschaftsflächen sehr unterschiedlich beurteilt. Entweder wurden sie beträchtlich überschätzt — worin der noch immer verbreitete Hang und Drang zur Werterhöhung alles Vergangenen sich ausdrückte — oder ebenso beträchtlich unterschätzt, weil vermeintlich in allen Landstrichen die Besiedlungsdichte in früheren Zeiten geringer als heute gewesen sein müsse.

Die Wüstungsforschung hat nun nachgewiesen und belegt dies neuerdings mit immer zahlreicheren Beispielen, daß mit derartigen vereinfachenden Vorstellungen und Vermutungen nicht auszukommen ist. Auch hier entscheiden ausschließlich Tatsachen, und diese sind nur

[1]) K. HATTENBACH: Neuere Ergebnisse historisch-geographischer Forschung in Thüringen. (Ein Beitrag zur Wüstungsforschung.) Alt-Thüringen. Jahresschrift des Museums für Ur- u. Frühgeschichte Thüringens. Zweiter Band. Weimar 1957.

nach sorgfältigen Untersuchungen in begrenzten Räumen zu ermitteln. In einigen Gebieten Mitteldeutschlands wurde jedenfalls bereits festgestellt, daß die Ausdehnung der Wirtschaftsflächen, auch die Besiedlungsdichte und Bevölkerungszahl überraschenderweise keineswegs geringer waren als gegenwärtig. Heute hat der Forst ehemalige Kulturflächen, Fluren, Weiden, Triften, wieder zurückerobert. Auch wiederholtes Wüstwerden nach wiederholter Bewirtschaftung der Wüstungsfluren konnte aus verschiedenen Bodenmerkmalen, aus altersverschiedenen Steinwällen, Gemarkungsgrenzen, Ruderal- und Schuttsammelhaufen abgeleitet werden.

Für die geologische, die bodenkundliche und die forstliche Standortkartierung ergeben sich daraus einige Aufgaben; ehemalige Ackerkultur und Felderbewirtschaftung in heutigen Forstgebieten können und werden gelegentlich noch andere Spuren hinterlassen haben, z. B. abweichende Bodengüte, höheren Humusgehalt, üppigere Flora u. a. m. Ob und in welchem Umfange solche Spuren zu erkennen sind und bei der Kartierung berücksichtigt werden müssen, hängt von den historischen, geologischen und bodenkundlichen Bedingungen ab, nicht zuletzt auch vom Beobachter.

Dem kartierenden Geologen ist deshalb zu empfehlen, seine Aufmerksamkeit auch auf alle Merkmale und Markierungslinien früherer Besiedlung auszudehnen und besonders in Gebieten mit bewegter historischer Vergangenheit mit der Möglichkeit ihres Vorkommens zu rechnen, gleichgültig, ob Wüstungen schon bekannt sind oder nicht. Damit dient der Kartierer nicht nur der eigenen Aufgabe, er kann auch die Wüstungsforschung mit neuen Beobachtungen bereichern und eine bislang kaum vorhanden gewesene Zusammenarbeit einleiten, die beiden Wissenschaften zugute kommt.

Erzmikroskopische Untersuchungen über die Aufbereitbarkeit von mylonitischem Gangmaterial am Beispiel des Silberfund-Stehenden, Revier Brand südlich Freiberg

MANFRED KRAFT, Freiberg

INHALT

1. Aufgabenstellung 293
2. Allgemeine erzmikroskopische Untersuchung am Silberfund-Stehenden 293
   2.1 Normale Verwachsungsformen 293
   2.2 Der kb-Mylonit 294
   2.3 Schlußfolgerung der allgemeinen erzmikroskopischen Untersuchung 294
3. Spezielle erzmikroskopische Untersuchung des kb-Mylonits 295
4. Daten und Ergebnis des Flotationsversuches 295
5. Erzmikroskopische Untersuchung einiger Flotationsprodukte 296
   5.1 Das PbS-Konzentrat 297
   5.2 Das ZnS-Konzentrat 297
   5.3 Das FeS_2-FeAsS-Konzentrat 297
   5.4 Die Abgänge 298
6. Schlußfolgerung 298
7. Literatur 298

1. Aufgabenstellung

Die auf dem Silberfund-Steh. auf den tieferen Sohlen gegenüber der Edlen Braunspatformation (eb) stärker hervortretende und wirtschaftlich wichtige Kiesigblendige Bleierzformation (kb) zeigte in ihrer makroskopisch erkennbaren Ausbildung vorwiegend Pyrit, Markasit, Zinkblende, wenig Arsenkies und nur einen relativ geringen Anteil Bleiglanz. Im Widerspruch zu dieser Beobachtung schien zunächst das Bemusterungsergebnis zu stehen. Die chemischen Analysen ergaben nämlich einen durchschnittlichen Pb-Gehalt von immerhin 1,82% neben 5,6% Zn auf der ½ 17. Gezeugstrecke.

Es ergab sich also die Notwendigkeit einer erzmikroskopischen Untersuchung, um festzustellen, wo und in welcher makroskopisch nicht sichtbaren Verwachsungsform der vorhandene Pb-Anteil fixiert ist. Da erfahrungsgemäß als Pb-Träger der kb-Formation im wesentlichen nur Bleiglanz in Frage kommt, war es naheliegend, den nachgewiesenen Pb-Anteil in innigen und für das unbewaffnete Auge nicht sichtbaren Bleiglanzverwachsungen mit anderen Erzmineralien und Gangarten zu suchen.

2. Allgemeine erzmikroskopische Untersuchung am Silberfund-Stehenden

2.1 Normale Verwachsungsformen

Eine umfassende erzmikroskopische Untersuchung des Gangmaterials an Stückschliffen war von vornherein ausgeschlossen. Es wurden daher nur solche Gangstrukturen untersucht, in denen nach Erfahrungen an anderen Erzgängen feine, innig verzahnte Verwachsungen besonders häufig auftreten. Es sind dies insbesondere die feinlamellaren Markasit- (±Pyrit-) Strukturen, die als Magnetkiesumwandlungen anzusehen sind (Abb. 1). Zwischen diese feinen Lamellen (meistens $<10\,\mu$) sind neben Quarz auch Bleiglanz und Zinkblende häufig eingedrungen, wobei die Lamellen z. T. auch korrodiert wurden. Es entstanden so sehr feinverzahnte Verwachsungsformen, die makroskopisch nicht erkennbar sind (Abb. 1 u. 2). Derartige Verwachsungsstrukturen mit Bleiglanz konnten am Silberfund-Steh. beobachtet werden und scheinen hier, da ganze Gangpartien von den beschriebenen lamellaren Markasit- (±Pyrit-)Strukturen eingenommen werden, durchaus

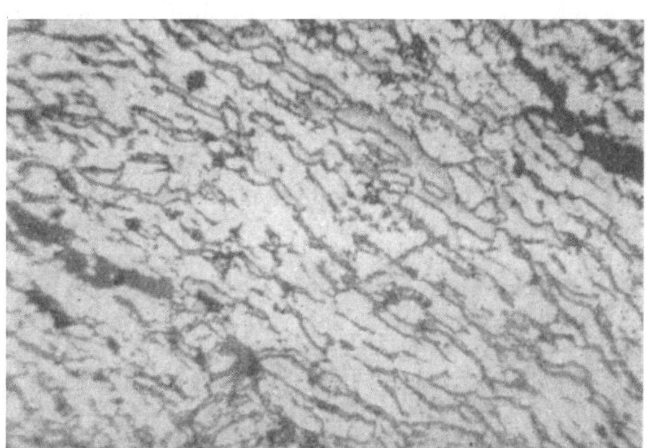

Abb. 1. Lamellares Pyrit-Markasit-Aggregat, in das Bleiglanz (hellgrau) und Quarz (dunkelgrau) eingedrungen sind M 750:1

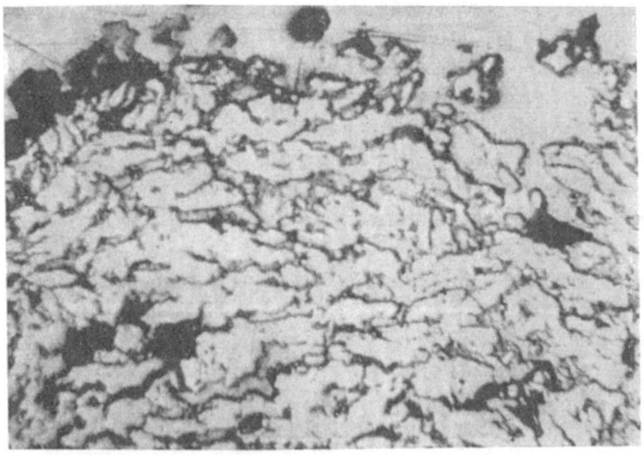

Abb. 2. Bleiglanz (hellgrau), zwischen die Lamellen des Markasits (weiß, Relief) eindringend M 600:1

häufig zu sein. Diese feinen Verwachsungen können bei ihrer Häufigkeit, gewichtsprozentual gesehen, trotz ihrer Feinheit durchaus einen erheblichen Teil des analysierten Pb-Gehaltes bedingen.

2.2 Der kb-Mylonit

Die eigentliche vererzte Gangspalte wird vorwiegend am liegenden Salband von einer im Mittel 6 cm mächtigen, sehr feinkörnigen schwarzen, Gangmasse, in der häufig gröbere Bruchstücke von Quarz und Erzmineralien auftreten, begleitet (Abb. 3). Diese dunkle Gangsubstanz ist in den Schlitzproben mit erfaßt worden und in das Bemusterungsergebnis eingegangen. Gegenstand weiterer Untersuchungen war also, den Charakter der dunklen Gangsubstanz und eine evtl. vorhandene Konzentration des Pb-Anteiles in dieser Substanz festzustellen. Für die Untersuchung wurde wieder der erzmikroskopische Weg eingeschlagen.

An einigen Anschliffen konnte eindeutig festgestellt werden, daß die eben beschriebene dunkle Gangmasse aus zum großen Teil sehr fein mylonitisiertem Material der kb-Formation besteht (kb-Mylonit). Wie die Untersuchung weiter zeigte, sind die Sulfide und der Quarz der kb-Formation nach ihrem Absatz durch eine Durchbewegung, eine Bewegung, die sich offenbar besonders am liegenden Salband auswirkte, bis in kleinste Dimensionen zerdrückt worden. Der gesamte mylonitisierte Mineralanteil wird von den Karbonaten der eb-Formation sowie von einer an den Salbändern häufig auftretenden lettigen (tonigen) Substanz verkittet. Gleichzeitig hat eine Korrosion besonders der Quarz- aber auch der Sulfidbruchstücke durch die Karbonate stattgefunden (Abb. 4).

Schon bei oberflächlicher Betrachtung wurde erkannt, daß die meisten Sulfidbruchstücke so fein sind, daß sie auch mit den stärksten Objektiven kaum noch aufgelöst werden konnten. Dies kommt auch in Abb. 5 zum Ausdruck. Die Dunkelfärbung der beschriebenen Gangsubstanz dürfte auf eine Durchstäubung der Karbonate als auch der tonigen Substanz mit feinsten, z. T. im ultramikroskopischen Bereich liegenden, Sulfidkörnchen bedingt sein.

Von besonderer Bedeutung war nun, daß innerhalb des kb-Mylonits neben reichlich Pyrit, weniger Zinkblende und sehr wenig Arsenkies auch Bleiglanz in etwa gleichen Mengen wie Zinkblende auftritt.

2.3 Schlußfolgerungen der allgemeinen erzmikroskopischen Untersuchung

Durch die allgemeine erzmikroskopische Untersuchung des Mylonits war ein weiterer, die Analysen und so die Vorräte beeinflußender Metallanteil erkannt worden, der makroskopisch nicht erkennbar ist und dessen Anteil an der Gesamtmenge zu ermitteln war.

Zu diesem Zweck wurden auf der ½ 17. Gezeugstrecke in etwa konstanten Abständen von ca. 9 m Hackproben des kb-Mylonits entnommen. Verfasser ist sich völlig darüber im klaren, daß hier keineswegs eine *exakte* Probenahme durchgeführt wurde. Für die vorliegende Aufgabenstellung jedoch dürfte die Genauigkeit der angewandten Methode durchaus ausreichend sein. Es wurden folgende mittleren Werte erhalten:

1.79% Pb, 2,2% Zn bei 6 cm mittlerer Mächtigkeit,

gegenüber folgenden Mittelwerten bei der Probenahme des gesamten Ganginhalts einschließlich kb-Mylonit:

1,82% Pb, 5,6% Zn bei 19 cm mittlerer Mächtigkeit.

Daraus ergibt sich, daß innerhalb der dunklen, mylonitischen Gangsubstanz des Silberfund-Steh. der beträchtliche Anteil von ca. $^1/_3$ der Gesamtvorräte an Pb und ca. $^1/_5$ an Zn fixiert sind.

Aus dem allgemeinen erzmikroskopischen Befund kann weiter gefolgert werden: Die normalen Verwachsungsformen bedingen bei der Aufbereitung erfahrungsgemäß schon eine Verringerung der Trennschärfe zwischen den einzelnen Sulfidkonzentraten und auch Verluste durch ungenügenden Aufschluß der feinen Verwachsungen, sind aber sonst noch zufriedenstellend zu flotieren.

Demgegenüber liegt aber in dem Mylonit ein andersgeartetes Material vor, das hinsichtlich seiner technischen Verwertbarkeit unbekannt war. Besonders die

Abb. 3. kb-Mylonit am liegenden Salband der Gangspalte M 1:3

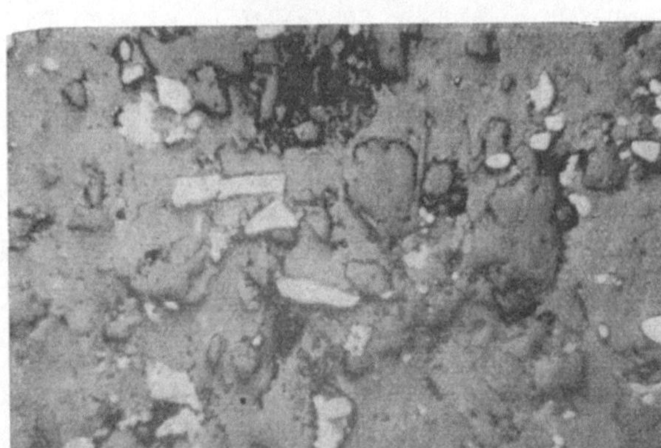

Abb. 4. Sulfid- und Quarzbruchstücke von Karbonat verkittet. Der Quarz (dunkelgrau), erheblich vom Karbonspat (hellgrau) korrodiert M 750:1

Feinkörnigkeit des Mylonits ließ besondere Schwierigkeiten bei einer Aufbereitung durch Flotationsverfahren — wie sie künftig für die Aufbereitung der Brander Erze ausschließlich in Frage kommen — vermuten. Es schien daher angebracht, das mylonitische Material in dieser Hinsicht spezieller zu untersuchen.

3. Spezielle erzmikroskopische Untersuchung des kb-Mylonits

Durch Ermittlung der Korngrößenverteilung im allgemeinen mußte zunächst festgestellt werden, ob die Korngrößen auch in einem für die Flotierbarkeit der Sulfide günstigen Bereich liegen, d. h. möglichst noch über 10 μ, da sich das Flotationsvermögen unter 10 μ merklich verschlechtert. Nach oben liegt die Grenze bei ungefähr 200 μ. Aus dieser Untersuchung sollte außerdem an Hand der gewichtsprozentualen Verteilung der Mineralkörner der praktische Aufschlußpunkt angegeben werden.

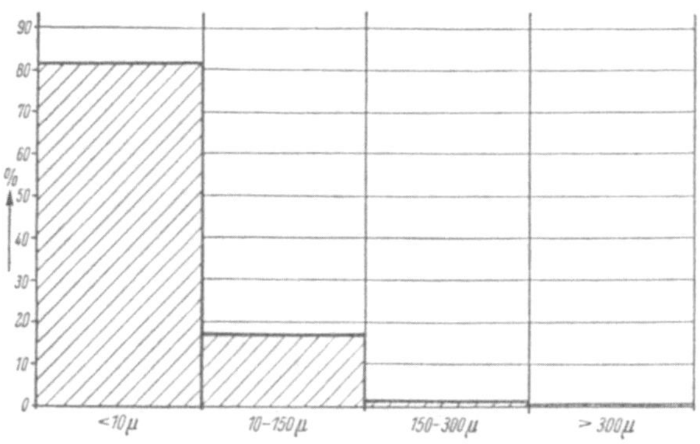

Abb. 5. Korngrößenverteilung der Erzmineralkörner im kb-Mylonit

An Anschliffen des kb-Mylonits wurde zunächst die allgemeine Korngrößenverteilung der Erzmineralien (PbS, ZnS, FeS_2, FeAsS) ermittelt (Abb. 5). Bei der Einteilung in verschiedene Kornklassen wurde von der Aufgabenstellung ausgegangen. Die Einteilung erfolgte in vier große Kornklassen, wobei die einzelnen Klassen Bereiche günstiger (10—150 μ) und weniger günstiger Ergebnisse der Schaumflotation widerspiegeln.

Das Diagramm zeigt, daß ein sehr hoher Prozentsatz der Mineralkörner im Korngrößenbereich <10 μ und so in einem für die Flotation weniger günstigen Bereich liegt. Für die Beurteilung der Möglichkeit einer Aufbereitung und die Bestimmung des praktischen Aufschlußpunktes ist jedoch selbstverständlich nicht die Kornzahl, sondern der *Gewichtsanteil* der einzelnen Kornklassen entscheidend, wie sie in Abb. 6 dargestellt sind. Das mittlere spez. Gewicht wurde durch die quantitative Verteilung der o. a. Erzkomponenten in den einzelnen Kornklassen ermittelt.

Abb. 6 zeigt, daß eine gewinnbringende Aufbereitung durchaus möglich ist, wenn man außerdem noch berücksichtigt, daß von den 28,5 Gew.% Erz unter 10 μ Korngröße bei der Flotation ein Teil noch mitgewonnen wird. Der praktische Aufschlußpunkt kann aus dieser Untersuchung mit rund 60 μ angegeben werden. (Hierzu fehlt allerdings eine engere Unterteilung der Fraktion 10—150 μ, um den genaueren Aufschlußpunkt anzugeben, was aber auf Grund der Aufgabenstellung nicht so entscheidend war.) Da die Mineralkörner über 40—50 μ im vorliegenden kb-Mylonit nur in geringem Maße Verwachsungen zeigen, ist schon

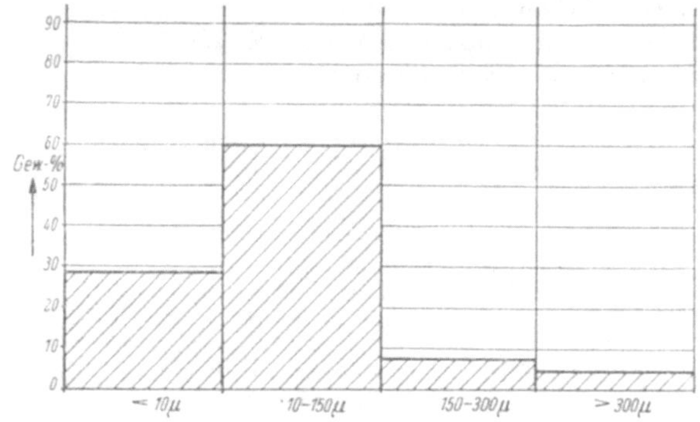

Abb. 6. Korngrößenverteilung der Erzmineralkörner im kb-Monylit

bei einer normalen Aufmahlung mit einem theoretisch gewinnbaren Erzanteil des Mylonits von ca. 75—80% zu rechnen (Verluste bedingt durch das Flotationsverfahren sind hier nicht berücksichtigt).

In Abb. 7 sind abschließend noch die prozentualen Verteilungen der einzelnen Erzkomponenten innerhalb der vier Kornklassen dargestellt (PbS Gew. % + ZnS Gew.% + FeS_2 Gew.% + FeAsS Gew.% = 100% je Kornklasse), um vor allem das Ansteigen des PbS-Anteiles bei kleineren Korngrößen zu zeigen. Diese Kornverteilung des Bleiglanzes ist auf die kristallphysikalischen Eigenschaften des Bleiglanzes zurückzuführen.

Wenn auch auf Grund der erzmikroskopischen Untersuchung, was den Aufschluß betrifft, eine flotative Aufbereitung des kb-Mylonits möglich sein müßte, erschien es doch zweckmäßig, seine Flotierbarkeit durch einen Laboratoriumsversuch zu überprüfen.

4. Daten und Ergebnisse des Flotationsversuches

Der Laboratoriumsversuch wurde im Forschungsinstitut für Aufbereitung, Freiberg, durchgeführt.

Versuchsbedingungen

1. Zerkleinerung in der Sieb-Kugelmühle unter 0,2 mm
2. *PbS Konzentrat*

   p_H-Wert-Einstellung 8,7 durch Sodazusatz
   Reagenzien: 1000 g/t Wasserglas
   200 g/t Natriumcyanid
   170 g/t Phosokresol B

   1. Abzug
   100 g/t Kaliumäthylxanthat
   (PbS schwimmt rein).

   2. Abzug
   50 g/t Kaliumäthylxanthat
   (Mittelprodukt).

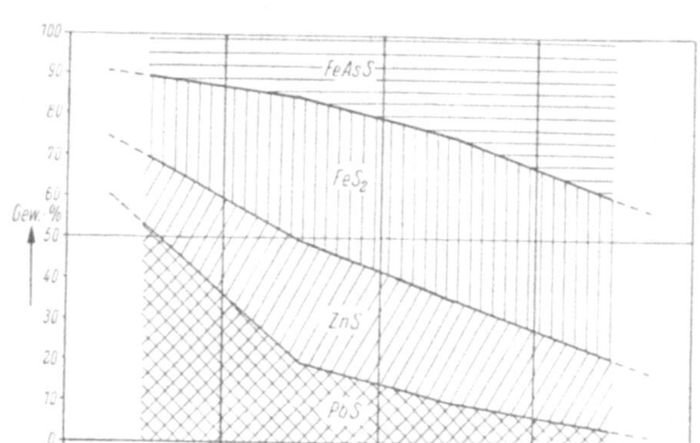

Abb. 7. Korngrößenverteilung der einzelnen Erzkomponenten im kb-Mylonit

3. ZnS-Konzentrat
p_H-Wert-Einstellung von 10 durch Kalkzusatz
Reagenzien: 500 g/t Kupfersulfat
2 Tropfen Xylebol
Einmalige Nachreinigung des ZnS-Vorkonzentrates unter den gleichen Bedingungen.

4. FeS_2-FeAsS-Konzentrat
p_H-Wert-Einstellung 6 durch H_2SO_4-Zusatz
Reagenzien: 100 g/t Kaliumäthylxanthat
100 g/t Schäumer

Die Ergebnisse des Flotationsversuches zeigen die Analysenergebnisse in Tabelle 1. Durch eine Nachreinigung des Flotationsrückstandes konnten der Pb- und Zn-Inhalt in diesem noch auf 0,20% Pb und 0,11% Zn gesenkt werden. Da die Konzentrate erzmikroskopisch quantitativ untersucht wurden (s. u.), erschien ein Vergleich mit den Analysenergebnissen interessant; deshalb wurden diese auf Mineralanteile umgerechnet (Tab. 2).

Die Analysen wurden von der Forschungsstelle des VEB Feinzink, Muldenhütten, ausgeführt.

Tabelle 1

Gew. %	Pb	Zn	As	Fe	S	Cu
Aufgabe	1,79	2,2	0,78	8,82	6,76	0,032
PbS-Konz. 1. Abzug	28,95	1,96	1,10	8,94	12,00	0,043
PbS-Konz. 2. Abzug	8,47	2,33	1,5	12,95	13,36	0,031
ZnS-Konz.	1,78	36,00	1,84	12,22	27,20	0,016
ZnS-Nachreinigg. (Rückstand)	2,15	6,65	3,33	16,90	19,04	0,048
FeS_2-FeAsS-Konz.	2,50	2,73	3,05	23,25	22,51	0,001
Rückstand	0,43	0,38	0,50	7,16	3,29	–
Rückstand (nachgereinigt)	0,20	0,11	0,43	5,76	2,45	0,040

Tabelle 2

Gew. %	Bleiglanz	Zinkblende	Arsenkies	FeS_2	Kupferkies
Aufgabe	2,07	4,19	1,69	8,80	0,10
PbS-Konz. 1. Abzug	33,45	4,02	2,35	8,70	0,09
PbS-Konz. 2. Abzug	9,77	5,5	3,1	17,6	0,08
ZnS-Konz.	2,10	66,42	4,0	7,0	0,01
ZnS-Nachreinigg. (Rückstand)	2,49	13,73	7,13	30,9	0,16
FeS_2-FeAsS-Konz.	2,90	3,63	6,5	36,5	0,01
Rückstand	0,50	0,55	1,2	6,4	–

Aus der Bilanz ergibt sich ein Metallausbringen für
Pb von 72%
Zn von 78%.

Zu der Umrechnung der Analysenwerte in Mineralanteile ist zu bemerken, daß die Summen der Gew.% Differenzen zeigen. Dies ist auf einen allgemeinen Fe-Überschuß in den Analysen zurückzuführen, der wahrscheinlich durch adsorptiv an die tonige Substanz des kb-Mylonits gebundenes Eisen bzw. durch einen gewissen Anteil in den Karbonspäten bedingt ist.

5. Erzmikroskopische Untersuchung einiger Flotationsprodukte

Die quantitative mineralogische (erzmikroskopische) Untersuchung einiger Aufbereitungsprodukte zusätzlich zu den chemischen Analysen erschien angebracht, um

1. die Mineralverteilung in den einzelnen Kornklassen im allgemeinen zu untersuchen und
2. insbesondere den Anteil der *verwachsenen* Mineralkörner in den einzelnen Kornklassen zu ermitteln.

Beide Bestimmungen schienen notwendig, um aus der Kornverteilung und dem Verwachsungsgrad Metallverluste in den Konzentraten zu erklären und den Zerkleinerungsgrad beurteilen zu können.

Die unverwachsenen Gangarten wurden zwecks Vereinfachung der Untersuchung vernachlässigt und die Summe der Erzkörner einschließlich verwachsener gleich 100 gesetzt. Die Gegenüberstellung der Analysenergebnisse und mikroskopischen Auszählergebnisse zeigt jedoch eine brauchbare Übereinstimmung (Abb. 8.) Die Übereinstimmung der Ergebnisse kommt in der annähernden Parallelität der Kurven zum Ausdruck. Die Abweichung der absoluten Gehalte ist durch die Vernachlässigung der unverwachsenen Nichterzkomponenten bei der mikroskopischen Methode bedingt.

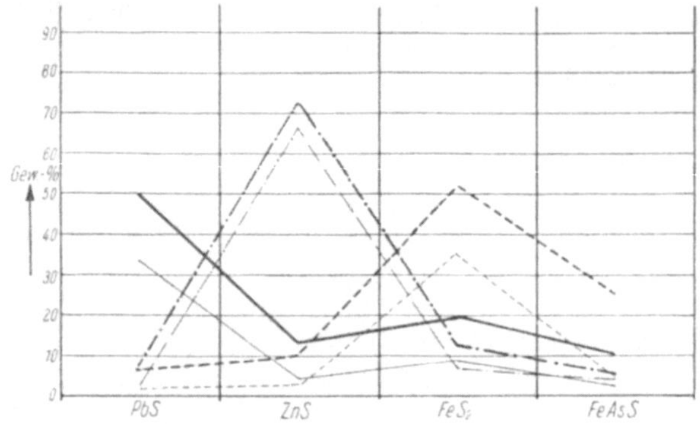

Abb. 8. Erzmineralteile in den Konzentraten nach Analyse und mikroskopischer Methode
Mikroskop. Methode: ——— PbS-Konz. —•— ZnS-Konz. — — — FeS_2-FeAsS-Konz.
Chem. Analyse: ——— " —.— " — — — "

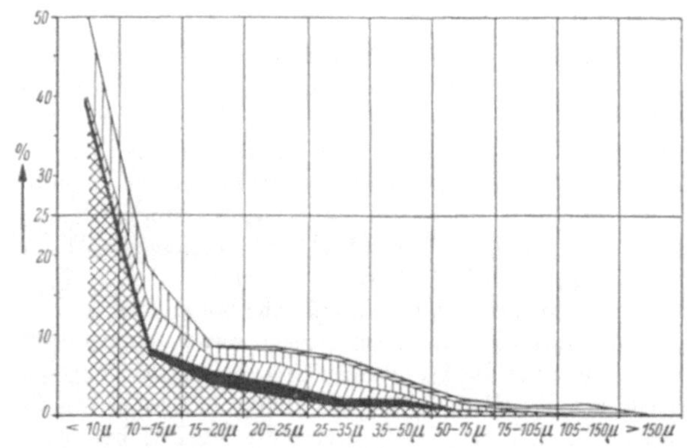

Abb. 9. Kornverteilung im PbS-Konzentrat (1. Abzug)

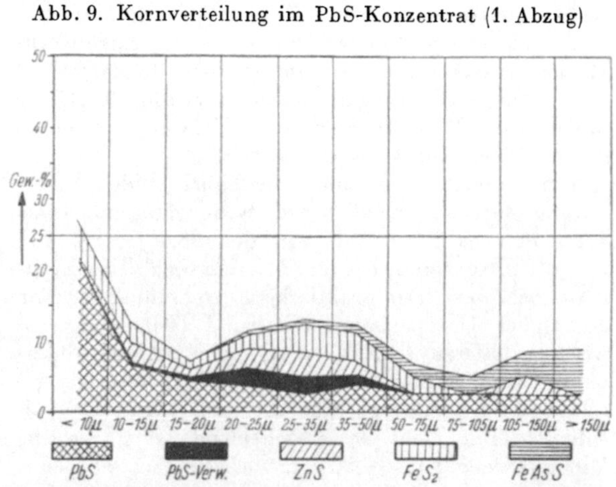

Abb. 10. Kornverteilung im PbS-Konzentrat (1. Abzug)

5.1 Das PbS-Konzentrat

In Abb. 9 ist in bandförmiger (wie alle übrigen) Darstellung die prozentuale Korngrößenverteilung aufgetragen. Es handelt sich hierbei noch nicht um die *gewichts*prozentuale Verteilung. Bei der Berechnung wurde die Summe aller Erzmineralkörner gleich 100 gesetzt. Dargestellt wurden — das gilt für alle Konzentrat-Diagramme — die unverwachsenen Erzkomponenten sowie die Verwachsungen des Hauptminerals je Konzentrat. Auf die Darstellung der übrigen Verwachsungen wurde verzichtet, da sie gewichtsmäßig unbedeutend waren und zeichnerisch kaum noch dargestellt werden konnten.

Ein Vergleich mit der natürlichen Korngrößenverteilung im kb-Mylonit zeigt den annähernd gleichen Verlauf der Kornverteilungskurve.

Das Bild ändert sich wesentlich bei der Darstellung der *Gewichts*prozente (Abb. 10), jedoch ist der Anteil der Gew.% PbS (hier bezogen auf das Gesamtgewicht aller Erzkörner) in der Kornklasse unter 10 μ noch sehr erheblich, wobei noch auf Anteile im ultramikroskopischen Bereich hingewiesen sei.

Ein wesentlicher Teil des PbS-Anteils liegt also in einem Korngrößenbereich, in dem optimale Flotationsergebnisse nicht mehr zu erreichen sind. Auf Grund dieser Tatsache und wahrscheinlich auch in Mängeln des Flotationsverfahrens selbst sind die Pb-Verluste im Konzentrat zu erklären. Gewisse Verluste sind ferner auch auf Teile des verwachsenen Bleiglanzanteils, der im PbS-Konzentrat mit zunehmender Korngröße eine ansteigende Tendenz zeigt, zurückzuführen.

Dies kommt deutlich durch die Kornverteilung im Mittelprodukt zum Ausdruck (Abb. 11). Es ist zu erkennen, daß durch eine weitergehende Zerkleinerung ein erhöhtes Ausbringen aller Komponenten im bescheidenen Maße erreicht werden könnte.

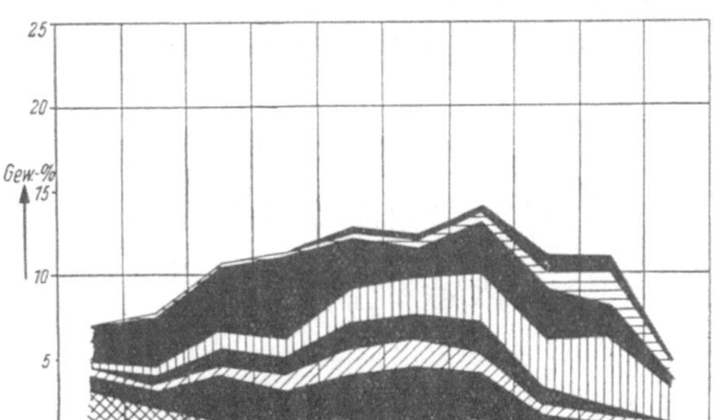

Abb. 11. Kornverteilung im PbS-Konzentrat (2. Abzug)

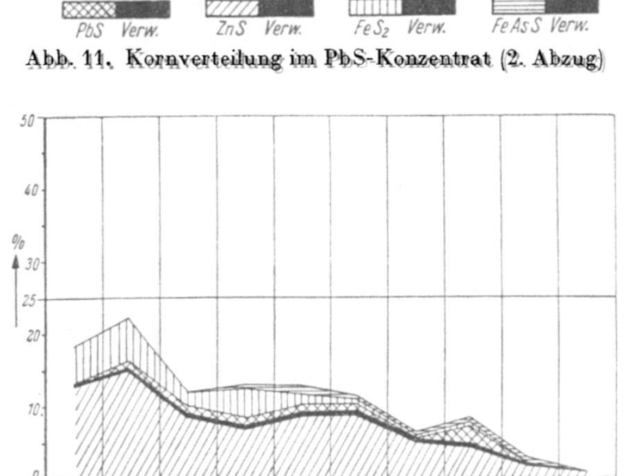

Abb. 12. Kornverteilung im ZnS-Konzentrat

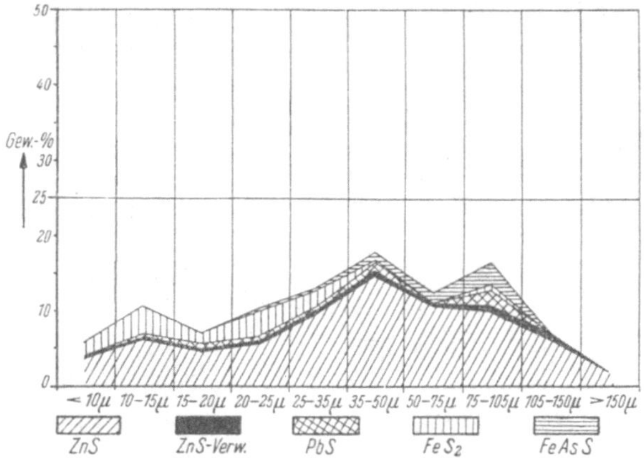

Abb. 13. Kornverteilung im ZnS-Konzentrat

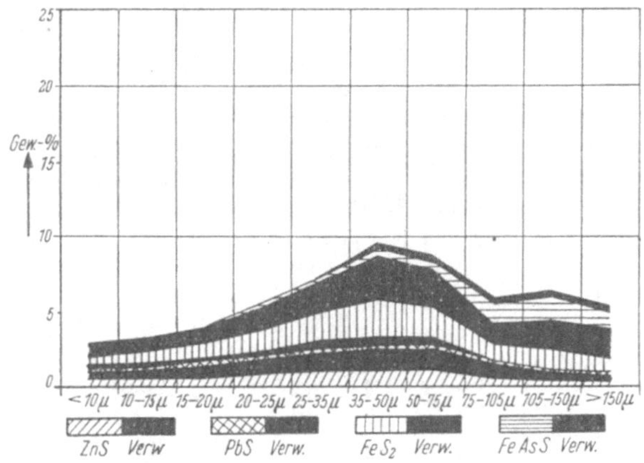

Abb. 14. Kornverteilung im Nachreinigungsrückstand des ZnS-Konzentrates

5.2 Das ZnS-Konzentrat

Bei Betrachtung der Korngrößenverteilung im ZnS-Konzentrat (Abb. 12, 13) fällt auf, daß das Maximum des Zinkblende-Anteiles in größeren Korngrößenbereichen — im Gegensatz zum Bleiglanz im PbS-Konzentrat — liegt. Dies konnte schon an dem durch einen natürlichen Zerkleinerungsprozeß entstandenen kb-Mylonit selbst beobachtet werden. Dementsprechend wäre das höhere Zn-Ausbringen mit hierdurch zu erklären. Bemerkenswert ist der reichliche FeS_2-Anteil, der sich auf die kleineren Kornklassen konzentriert.

Die Untersuchung des Nachreinigungsrückstandes (Abb. 14) zeigt den relativ hohen Anteil an Verwachsungen, wenn auch nicht in dem Maße wie im PbS-Mittelprodukt.

5.3 Das FeS_2-FeAsS-Konzentrat

Analog dem ZnS-Konzentrat zeigt das FeS_2-FeAsS-Konzentrat den maximalen Gewichtsanteil in größeren Kornklassen, und zwar in einem Bereich, in dem auch die Verwachsungen gewichtsmäßig ihren maximalen Anteil zeigen (Abb. 15).

Die Körnung liegt also in einem für die Flotation günstigen Bereich. Allerdings liegt im Bereich der maximalen Kornverteilung scheinbar auch ein relativ hoher Anteil verwachsener Körner vor, denen durchaus Verluste zuzuschreiben sind.

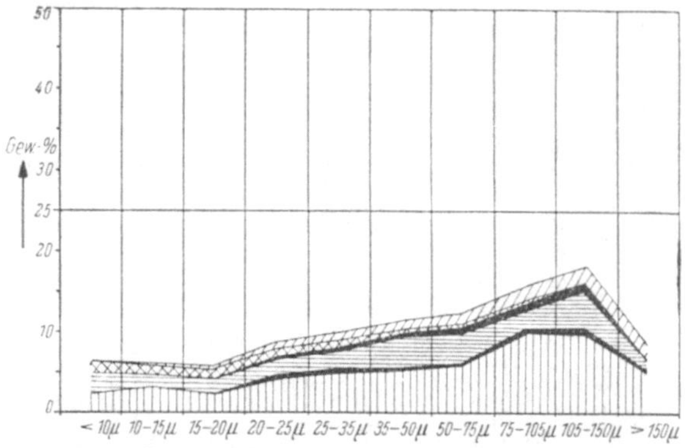

Abb. 15. Kornverteilung im FeS_2-FeAsS-Konzentrat

5.4 Die Abgänge

Sehr deutlich beweist die in Abb. 16 dargestellte Kornverteilung der einzelnen Erzkomponenten in den Bergen die bereits im vorangegangenen vermuteten Gründe von Metallverlusten. Die in den Bergen auftretenden und als Verluste zu bezeichnenden unverwachsenen Mineralanteile konzentrieren sich nämlich auf die kleinsten Korngrößen (< 10 μ) sowie auf die durch ungenügende Zerkleinerung bedingten Verwachsungen in größeren Kornklassen. Ein gewisser Verlustanteil ist auf unverwachsene aber ungenügend zerkleinerte Mineralkörner zurückzuführen, die also bereits oberhalb des für flotative Aufbereitung günstigen Korngrößenbereiches liegen. Dieser Mineralanteil besteht jedoch lediglich aus Pyrit und Arsenkies. (Man vergleiche hier wiederum die Kornverteilung der einzelnen Erzkomponenten im — durch einen natürlichen Zerkleinerungsvorgang entstandenen — kb-Mylonit.)

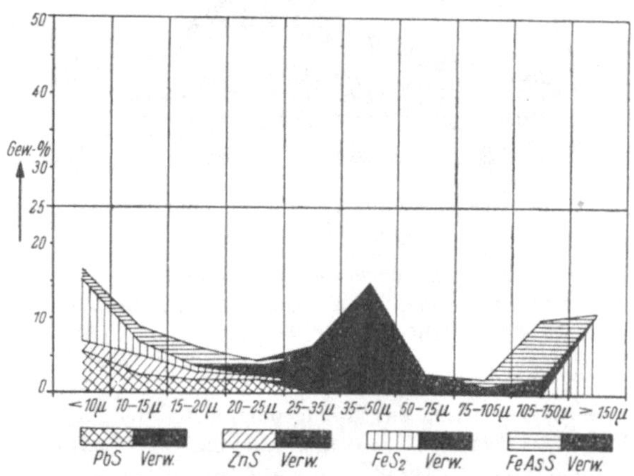

Abb. 16. Kornverteilung im Flotationsrückstand

6. Schlußfolgerung

Durch vorliegende Untersuchungen konnte mit erzmikroskopischen Methoden der auf dem Silberfund-Steh. durch die Bemusterung nachgewiesene, doch makroskopisch kaum hervortretende Pb-Anteil in sehr feinzahnigen Verwachsungen sowie in einem feinkörnigen Erzmylonit nachgewiesen werden. Eine erzmikroskopische Bearbeitung dieses Mylonits konnte theoretisch die Möglichkeit einer flotativen Aufbereitung bei entsprechender Zerkleinerung bestätigen. Mit einem Laboratoriumsversuch konnte durch das angewandte, aber noch nicht speziell eingestellte Flotationsverfahren ein annehmbares Ausbringen erreicht werden. Eine kurze Bearbeitung einiger Aufbereitungsprodukte konnte anfangs vermutete Gründe der Metallverluste bestätigen.

Da ein wirtschaftlich vertretbares Ausbringen —wahrscheinlich auch bei dem normalen für die Freiberger Erze angewandten großtechnischen Verfahren — des untersuchten Erzmylonits anzunehmen ist, muß abschließend als wichtigste Erkenntnis der Untersuchung hervorgehoben werden, daß die Gesamtvorräte des Silberfund-Steh. als technisch verwertbar anzusehen sind und bei einem künftigen Abbau dieses Ganges das Mitgewinnen des schwarzen, unscheinbaren mylonitischen Materials unbedingt erforderlich ist.

7. Literatur

EDWARDS, A. B.: Textures of the ore minerals. Melbourne 1947.
EHRENBERG, H.: Methodik der Untersuchung von Lockerprodukten mit Aufbereitungsmikroskopen.
Handbuch d. Mikroskopie i. d. Technik, Bd. II, Teil 2.
RAMDOHR, P.: Die Erzmineralien und ihre Verwachsungen. Berlin 1950.
REHWALD, G.: Die Anwendung erzmikroskopischer Untersuchungsmethoden bei der Aufbereitung der Edelmetalle und der Nicht-Eisen-Metallerze.
— Handbuch d. Mikroskopie i. d. Technik. Bd. II, Teil 2.
Mikroskopische Untersuchungsmethoden in der Erzaufbereitung.
— Erzmetall Bd. VIII, 1955 (Beiheft).
STILLWELL, F. L. und A. B. EDWARDS: The mineragraphic investigation of mill products of lead-zinc ores.
J. Council Sci. a Ind. Research, 15 (1942), 161 – 174.

Die Tagung der European Association of Exploration Geophysicists (EAEG) vom 5. bis 8. Juni 1957 in Brüssel

RUDOLF MEINHOLD, Leipzig

Die 12. Tagung der EAEG fand in der Universität Brüssel statt. Sie vereinigte wieder Fachvertreter aus vielen europäischen Ländern und aus Übersee zur Erörterung der neuesten Forschungsergebnisse auf dem Gebiete der angewandten Geophysik. Unsere belgischen Kollegen verdienen Dank für die vorzügliche Organisation der Tagung. Sie waren außerordentlich liebenswürdige Gastgeber und verstanden es auch, die wissenschaftlichen Beratungen in einen angemessenen gesellschaftlichen Rahmen zu stellen. Zu erwähnen ist hierbei ein Empfang durch die Vertreter der Stadt Brüssel in den herrlichen Räumen des historischen Rathauses.

Die Themen der vorgetragenen Arbeiten umfaßten fast alle Gebiete der angewandten Geophysik. Von den 28 vorgetragenen Themen sollen hier insbesondere die besprochen werden, die von besonderem Interesse für die Lagerstättenerkundung sind. Es seien hier deshalb die Ergebnisberichte vorangestellt, die durch kombinierte Untersuchung mit mehreren Methoden erhalten wurden.

Die belgischen Kollegen P. EVRARD, L. JONES und PH. MATHIEU legten neue gravimetrische und magnetische Aufnahmen aus dem zentralen Kongobecken vor. Sie waren erst kurz zuvor beendet worden und noch nicht geologisch gedeutet.

Die Arbeiten wurden unter ungemein schwierigen klimatischen Bedingungen und Geländeverhältnissen durchgeführt, und es ist interessant, die dabei erreichten Genauigkeiten zu betrachten. Für die Vermessung der Basispunkte war ein North American Gravimeter eingesetzt, für die Zwischenpunkte ein Nörgaard-Gerät. Der mittlere Fehler einer Basismessung wurde mit ± 0,5 mgl angegeben, der eines Zwischenpunktes mit ± 1 mgl. Beide Instrumente zeigten bei der ungewöhnlichen Beanspruchung unregelmäßige Gänge.

Berücksichtigt man aber die Fehlermöglichkeiten der barometrischen Höhenmessung und die Unsicherheit der Ortsbestimmung mit Reisegeräten, dann kann die erreichte Genauigkeit als ausreichend betrachtet werden. Die magnetischen Messungen mittels Askania-Waagen konnten mit $\pm$ 30 γ Fehler pro Station durchgeführt werden, wobei der Löwenanteil auf die nicht genügend bekannten Tagesvariationen zurückzuführen ist, die von weit entfernten Stationen übernommen werden mußten.

D. REYRE und I. M. VALLET aus Frankreich berichteten über Arbeiten in Gabon (Franz. Äqu.-Afrika). Durch gravimetrische, tellurische und seismische Untersuchungen wurden zwei Salzstöcke gefunden, von denen einer (Ozouri) sich bereits als ölfündig erwies. Der Salzstock N'Daminzé zeigte oberflächlich als auch seismisch eine kräftige Depression, was die Interpretation erschwerte, und erst die Kombination aller durchgeführten Untersuchungen brachte die Lösung, welche durch eine Bohrung bestätigt wurde. Der Salzstock Ozouri (50 km südlich Port Gentil im Ogooné-Delta) liegt in 1000 m Tiefe unter dicken, rezenten, tonigen Sedimenten sowie Tertiär und Kreideschichten. Das schwer zugängliche Gebiet verlangte tragbare seismische Geräte sowie Arbeiten an Bord von Schiffen.

P. MASSON und H. TACHET DES COMBES legten die Ergebnisse ihrer seismischen Arbeiten in Ägypten, dem Golf von Suez und auf Sinai vor. Die Messungen wurden gleichzeitig auf dem Lande und auf See durchgeführt. Neue Erkenntnisse über den Bau des großen Grabens sind das Ergebnis. Treppenförmig fällt das Land an großen Verwerfungen maximal 6000 m gegen das Zentrum des Golfes von Suez ab. Die Hauptsprünge laufen NNW—SSE mit Fiederbrüchen NNE—SSW, die einzelnen Schollen sind gefaltet und verkippt, Neigungen bis 20° treten auf. Beachtenswert ist, daß die plio- und pleistozänen Schichten 1600—2500 m Mächtigkeit erreichen. Die Schwierigkeiten der geophysikalischen Arbeiten wurden insbesondere verursacht durch die komplizierte Tektonik, wechselnde Geschwindigkeiten und zahlreiche Korallenriffe in den flachen Gewässern. Man benutzte deshalb für die erste Auswertung migrierte Zeitprofile. Eine Reihe erdölhöffiger Strukturen wurde entdeckt.

Auch in anderen Teilen Afrikas war die Prospektionstätigkeit rege. F. SAINT und I. NICAISE legten Ergebnisse von Arbeiten im Becken von Cuanza (Angola) vor. Gravimetrie und Seismik halfen bei der Entdeckung von zwei ölführenden Antiklinalen (Beneficia und Luanda). Es war interessant zu erfahren, daß auch in diesem Gebiet Diapire auftreten. Bei den seismischen Arbeiten brachten nach anfänglichen Mißerfolgen erst die Gruppenschuß- und Bündeltechniken ausreichende Ergebnisse.

Aus dem Gebiete der radiometrischen Untersuchungen wurden zwei interessante Vorträge geboten.

I. HOMILIUS und S. LORCH aus Hannover berichteten über die Weiterentwicklung des von WENDT entwickelten Verfahrens zur Bestimmung der Lagerungsdichte von Böden durch Messung der Gammastrahlenabsorption. Ein radioaktives Präparat an einer Metallspitze wird in den Boden getrieben und die Strahlung an der Oberfläche mit 2 symmetrischen Zählrohren gemessen. Die Autoren legten eine verbesserte Auswertemethode vor, welche von der Abstraktion des punktförmigen Zählrohres abgeht und statt dessen seine Ausdehnung durch eine Integraldarstellung der Abhängigkeit der Zählquote vom Einfallswinkel berücksichtigt. Bis 1 m Tiefe können solche Untersuchungen nunmehr mit einem Fehler von $\pm$ 1% durchgeführt werden. Diese Methode ist nicht nur wichtig für die Baugrunduntersuchung, sondern kann auch für andere geologische Probleme äußerst wertvoll werden.

In Belgien wurde ein größeres Gebiet von 2000 km² durch R. LEGRAND mit einer Maschenweite von 1 km radiometrisch vermessen und die Ergebnisse in einer Isoraden-Karte mit der Einheit Mikroröntgen pro Stunde dargestellt. Die mittlere Strahlungsintensität lag bei $6{,}5 \cdot 10^{-6}$ r/h. Die niedrigsten Werte fanden sich mit $3 \cdot 10^{-6}$ r/h in den tiefsten Einschnitten des Dyle-Tales, die höchsten von ca. $10 \cdot 10^{-6}$ r/h über paläozoischen Schiefern.

Wirtschaftliche Anreicherungen von nuklearen Rohstoffen fanden sich nicht. Da die Strahlungsmengen von der Gesteinsbeschaffenheit abhängen, kann die radiometrische Methode bei vorsichtiger Interpretation und zusammen mit anderen Verfahren zur Kartierung benutzt werden.

Die magnetische Methode wurde von I. M. GRAULICH und L. KOENIGSFELD zur Klärung tektonischer Fragen im kambrischen Massiv von Stavelot in Belgien angewendet. Dank zweier Magnetithorizonte in den Phylliten der Devillien-Stufe konnte die Tektonik geklärt werden.

Probleme und Resultate der Aeromagnetik behandelte W. DOMZALSKI. Von Interesse waren hier besonders die Untersuchungen über die Fehlermöglichkeiten, aus denen zu erfahren war, daß die Geschwindigkeit mit $\pm$ 5%, die Position mit $\pm$ 100 m, Kamerarichtung mit $\pm$ 1°, die Höhe mit $\pm$ 7 ··· 10 m bestimmbar sind. Daraus ergibt sich die Genauigkeit der magnetischen Aufnahme.

I. C. BELSHÉ aus England legte Ergebnisse seiner Untersuchungen vor, mittels archäologischer Keramik Schlüsse zu ziehen auf die säkulare Änderung des magnetischen Feldes.

Bei den gravimetrischen (aber auch magnetischen) Verfahren war weiterhin das Interesse an mathematischen Methoden zur Analyse des Feldes wach. Den interessantesten Beitrag dazu lieferte der bekannte französische Wissenschaftler I. GOGUEL zusammen mit I. LEMOINE. Um den Auswahleffekt bei Benutzung einer Anzahl diskreter Punkte zur Errechnung von Karten der zweiten Ableitung zu vermeiden, integrierten sie das Produkt von g mit einer passenden kontinuierlichen Funktion und erhielten die zweite Ableitung mit der Genauigkeit, welche die ersten Glieder einer Taylorreihe nach g repräsentieren. Man kann die Funktion so wählen, daß oberflächennahe Unregelmäßigkeiten nicht eingehen. F. MOSETTI aus Italien hat die harmonische Analyse für Funktionen mit 1 Variablen erweitert auf solche mit 2 Variablen. Damit ist ein Werkzeug geschaffen, um regionale Veränderungen einer Funktion darzustellen und z. B. auf gravimetrische oder magnetische Karten anzuwenden.

Bei den elektrischen Methoden ist trotz aller pessimistischen Voraussagen das elektromagnetische Verfahren noch sehr lebendig, besonders in den skandinavischen Ländern. So berichtete H. BRAEKKEN über erfolgreiche Untersuchungen in Norwegen. Es konnten nicht nur Erzkörper aufgefunden werden, sondern auch Zonen erhöhter Mineralisation. Im Anschluß an wenige Diamantbohrungen konnten die Erzkörper sicher abgegrenzt werden. Sie ist auch angewendet worden an der Lagerstätte von Konkberg neben anderen geophysikalischen Methoden, worüber ein von MALMQUIST eingesandter Vortrag berichtete.

Dem größten Interesse begegneten jedoch die Nachrichten von G. TÖRNQVIST über die Weiterentwicklung der elektromagnetischen Untersuchungen vom Flugzeug aus. Die Methode verwendet ein rotierendes elektromagnetisches Feld, dessen Veränderungen in der reellen und imaginären Komponente gemessen werden. Aus der Deformation der Feldvektoren ergibt sich die Leitfähigkeit des überflogenen Grundes. Man erhält damit eine Übersichtsaufnahme; Gebiete erhöhter Leitfähigkeit können dann mit Bodentrupps genauer untersucht werden. Ursprünglich arbeitete man mit einem Flugzeug, das an einem langen Kabel ein Detektorgerät hinter sich herzog. Jetzt werden zwei Flugzeuge ohne Kabelverbindung in verschiedener Höhe benutzt, was entscheidende Vorteile bringt, da das Verhältnis der empfangenen Anomalien zum Störpegel sich mit der Flughöhe und der Entfernung Sender — Empfänger verschlechtert.

Über geoelektrische Widerstandsmessungen handelte der Vortrag von H. FLATHE, der diese Methode zur Aufsuchung und Abgrenzung von Tonvorkommen in Nordwestdeutschland benutzte.

Ein schönes Beispiel für die Anwendungsmöglichkeiten der Methode gaben MIKLIĆ und RAVNIK aus Jugoslawien. Sie bestimmten die Mächtigkeit einer Tondecke über verkarsteten Dolomiten und Kalken sowie die Lage verdeckter Schlucktrichter. Es war eine sehr enge Vermessung an 45000 Einzelpunkten notwendig, was schnelles Arbeiten verlangte. Es wurde eine Widerstandsbrücke mit Röhrenverstärker benutzt und Umschalter für abwechselnde Messungen an 2 Elektrodengruppen. In 8 Stunden konnten 320 Messungen mit einer Eindringtiefe von 10 m erledigt werden. Zur Korrektion von Witterungseinflüssen wurde täglich eine Eichstrecke gemessen. Die Isoohmen wurden so gezeichnet, daß sich aus ihnen gleich die Mächtigkeit der Tondecke ablesen ließ. 180 Kontrollbohrungen bewiesen die Brauchbarkeit des Verfahrens.

Auf dem Gebiete der seismischen Prospektion machte F. MUIR aus London bemerkenswerte Ausführungen über den Einfluß der Schaltung gebündelter Geophone auf das System der Verstärker. Der Ausgang einer parallel geschalteten Gruppe entspricht dem eines Einzelgeophones, das die Summe der Bodenbewegungen der Gruppe aufgenommen hat. Aus einer Betrachtung der Störquellen — zufällige Fluktuationen in den ersten Verstärkerstufen, Kabelverlusten und Streufeldern — kommt der Verfasser zu einer Generalregel, die besagt:

Die günstigsten Verhältnisse erhält man, wenn man den Geophonwiderstand gleich Kabelwiderstand macht und den Belastungswiderstand der Verstärker gleich dem doppelten des Kabelwiderstandes. Zur Erhöhung der Ausbeute wird außerdem empfohlen, nicht mittels Shunt-Widerstand zu dämpfen, sondern nur durch Erniedrigen der Federsteifheit.

F. F. EVISON aus Neuseeland berichtete über neue Ergebnisse mit seinem elektromagnetischen Schwinger, der sowohl harmonische Schwingungen als auch Impulse in wählbarer Folge erzeugen kann. Es entstehen sowohl Kompressions- als auch Scherwellen, was ihm ein weites Feld der Anwendung sichert. Sein Vorteil ist, daß man die Wahl der Versuchsbedingungen in der Hand hat, nachteilig ist aber noch die geringe Kraftübertragung auf den Boden. 67,3% der Energie gehen als Oberflächenwellen verloren, 25,8% werden als Transversalwellen umgesetzt und nur 6,9% als Kompressionswellen. Für die Baugrundforschung ist das Gerät aber von größtem Nutzen, seine Einführung in Deutschland ist dringend zu befürworten.

P. N. S. O'BRIEN (England) untersuchte die Absorption seismischer Refraktionswellen. Die Kenntnis der Absorptionskoeffizienten kann als Mittel dienen für die Bestimmung der Gesteinseigenschaften.

R. MEISSNER (Deutschland) gab eine Methode an, die Fehler aus der unrichtigen Erfassung der Langsamschicht möglichst klein zu halten. Er empfahl, die Konstruktion von einem horizontalen Bezugshorizont aus vorzunehmen und dann eine Zeitkorrektur anzubringen, welche sich mit Hilfe eines oberflächennahen und als waagerecht bekannten Reflektors errechnen läßt.

R. BORTFELD (Deutschland) gab Neigungskorrekturen an den Laufzeitquadraten beim Geschwindigkeitsschießen an.

Y. LEDOUX untersuchte die späteren Einsätze in refraktionseismischen Registrierungen. Die aufgezeichneten Laufzeitkurven lassen erkennen, daß in Gebieten mit gestörter Tektonik ein beträchtlicher Teil der Energie an Brüchen und anderen Heterogenitäten gebeugt wird. Eine genaue Analyse der Registrierungen gestattet die Erkennung von Verwerfungen und die Errechnung vertikaler Geschwindigkeiten.

Über Interpretationsprobleme bei seismischen Arbeiten in der Campine (Belgien) berichtete H. A. RÜHMKORF (Deutschland). Außer der Tertiärbasis gibt es keine durchgehenden Horizonte, die Interpretation beruht daher allein auf der Verfolgung von Diskordanzen. Der Vortrag wurde ergänzt durch die Bemerkungen von A. GROSJEAN (Belgien) über die allgemeinen Prospektionsprobleme dieses Gebietes. Nicht im gesamten Bereich der Campine beißen die karbonischen Schichten gegen die Oberkreidediskordanz aus. Im Nordosten nehmen die permotriassischen Mergel und Sande solche Mächtigkeiten an, daß der Kohlenbergbau unwirtschaftlich wird. Nach den neuen seismischen Ergebnissen handelt es sich bei dem von Perm und Trias freien Gebiet um eine Schwellenregion, die weitgehend durch Verwerfungen verformt ist. Die Grenzen des Kohlenbergbaus konnten somit seismisch ermittelt werden.

Modernste Entwicklung seismischer Geräte war der Inhalt des Vortrages von H. J. JONES (USA). Die auf Magnetband aufgenommenen seismischen Registrierungen werden elektronisch analysiert. Die Ankunftszeiten der seismischen Wellen werden automatisch mit der Korrektur der langsamen Oberflächenschicht und den move-out-Zeiten reduziert. Eine dem Gerät aufgegebene Weg-Zeit-Funktion übersetzt die Zeiten sofort in Tiefen, es wandelt die elektrischen Signale in optische und zeichnet ein seismisches Profil. Mittels wählbarer Filterung, Mischung oder Summierung können optimale Registrierbedingungen erreicht werden. Der Vorteil des Gerätes ist die große Schnelligkeit der Auswertung, was besonders bei den großen Mengen an Registrierungen in der Seeseismik wichtig ist, und die Tatsache, daß jeder irgendwann aus der Tiefe ankommende Welleneinsatz aufgezeichnet wird, was zusätzliche Interpretationsmöglichkeiten bietet. Nachteilig ist, daß die mechanische Analyse nur in einfachen Fällen ein zuverlässiges Bild ergibt. Das wird aber mit einem Blick auf die Registrierung klar, kompliziertere Profilstücke können dann einer genaueren mathematischen Analyse unterworfen werden.

Ein Referat von T. R. GOEDICKE behandelte ebenfalls moderne Technik in der Erdölerkundung und stellte die bekannte Literatur über die erdölhöffigen Gebiete auf den ozeanischen Schelfen zusammen, bot aber sonst nichts Neues.

Die Tagung schloß mit einer Exkursion über Namur und Dinant durch das malerische Maaß-Tal in die Ardennen zum Geophysikalischen Observatorium in Dourbes.

Besprechungen und Referate

METZ, K.

Lehrbuch der tektonischen Geologie

294 S., 188 Abb. Verlag F. Enke, Stuttgart 1957.

„Das hier vorgelegte Buch unternimmt den Versuch einer möglichst übersichtlichen Darstellung der tektonischen Geologie, in erster Linie für den Bedarf des Studierenden" (aus dem Vorwort).

Der Verfasser gliedert den Stoff in zwei Teile:

1. Lehre von der Deformation der Gesteine (148 S., 111 Abb.),
2. Die strukturelle Entwicklung der Erdkruste (101 S., 60 Abb.).

Der erste Teil befaßt sich mit den verschiedenen Bauelementen der Erdkruste (Falten, Lineare, *s*-Flächen, Rupturen, Decken, mehraktig geprägte Gefüge) und mit den Problemen der Tiefentektonik (tektonische Stockwerke, Regionalmetamorphose, Kornregelung, Zeitverhältnis von Tektonik und Kristallisation, Migmatese, Magma). Einleitend werden einige allgemeine Grundlagen und Begriffe erörtert (z. B. Anisotropie, Gefüge, Strain und Stress, elastische und plastische Verformung, einscharige und zweischarige Gleitung, Symmetrie). An mehreren Stellen sind kurze Erläuterungen zum Arbeitsgang der tektonischen Analyse eingeschaltet (Diagrammdarstellung, gefügekundliche Auswertung, Kartenbild).

Im zweiten Teil schildert der Verfasser nicht den Bau und die Entwicklung der Erdkruste im einzelnen, sondern er versucht, die allgemeinen Prinzipien zusammenzustellen (Allgemeine Geotektonik). Zuerst werden die Grundzüge der geologischen Systematik des Raumes und der Zeit beschrieben (Kratone und Geosynklinalen, Epirogenese und Orogenese, Bautypen, Magmenzyklus, Phasenlehre) und dann die verschiedenen Theorien der Gebirgsbildung ausführlich diskutiert.

Ein Anhang (27 S., 17 Abb.) ist der Anwendung tektonischer Studien in praktischen Zweigen der Geologie gewidmet. Man findet hier natürlich keine direkten Anleitungen zum Auffinden von Lagerstätten usw. mit Hilfe tektonischer Methoden, wohl aber wertvolle Hinweise auf die Bedeutung der Tektonik für die praktische Geologie. Besonders interessant ist das Beispiel der Sideritlagerstätte Hüttenberg (Kärnten). Ein Diagramm (Abb. 180) veranschaulicht die erfolgreiche Anwendung tektonischer und gefügekundlicher Methoden bei den Erkundungsarbeiten.

Das Buch eignet sich als Leitfaden für Studierende und darüber hinaus für jeden, der sich einen Überblick über die Bauformen der Erdkruste sowie über die Methoden und Probleme der tektonischen Geologie verschaffen möchte. Gerade weil es für einen größeren Leserkreis in Frage kommt, ist die unkomplizierte Darstellung, z. B. der Grundlagen der Gefügekunde, zu begrüßen, ebenso die zurückhaltende Beurteilung der verschiedenen Theorien der Gebirgsbildung, der Hinweis auf die Unsicherheit von Berechnungen usw.

Zusammenfassende Darstellungen dieser Art werden dringend benötigt, und jeder Versuch, eine Lücke zu schließen, ist wertvoll. Natürlich kann das vorliegende Lehrbuch — obwohl das Schriftenverzeichnis wichtige Hinweise gibt — nicht als Nachschlagewerk für Spezialprobleme benutzt werden. Dafür ist es auch nicht gedacht. Um in der Forschung voranzukommen, brauchen wir aber darüber hinaus Veröffentlichungen, in denen die zahllosen Spezialarbeiten zusammengefaßt und verarbeitet sind. Uns fehlt ein „Handbuch der

Tektonik"! Freilich — ein einzelner wird den gewaltigen Stoff wohl nicht bewältigen können. Aber wir sind auch für einzelne Abschnitte dankbar (vgl. z. B. „Lineation" von E. CLOOS).

Obwohl der Verfasser auf die Problematik der tektonischen Terminologie hinweist, fehlt leider in seinem Buch eine übersichtliche Zusammenstellung. Das Sachregister kann sie kaum ersetzen. Es kommt allerdings nicht darauf an, eine starre Terminologie festzulegen. Das setzt internationale Übereinkunft voraus, und außerdem muß die Terminologie den Besonderheiten jedes Arbeitsgebietes angepaßt werden können. Was wir brauchen, ist eine möglichst vollständige Zusammenstellung der Fachausdrücke mit Angaben über ihre Bedeutung bei den verschiedenen Autoren.

Abgesehen von einigen Kartenausschnitten sind alle Abbildungen des Buches Strichzeichnungen. Das ist zu bedauern, denn die tektonischen Grundformen lassen sich durch ein paar gute Fotos viel anschaulicher darstellen.

E. SCHROEDER

LEVORSEN, A. I.

Time of Petroleum Accumulation

Fiftieth Anniversary Volume 1905—1955 der Zeitschrift Economic Geology, Teil 2, S. 748—756. Lancaster, Penna, 1955.

Für den Erdölgeologen ist es ein wesentlicher Hinweis bei der Suche nach neuen Vorkommen, wenn er sich ein Bild über die zeitliche Aufeinanderfolge der geologischen Vorgänge machen kann, die zur Entstehung von Erdölvorkommen führten. War man früher zufrieden, wenn man die geologische Struktur und die stratigraphischen Verhältnisse der Lagerstätte erkannt hatte, so erforscht man heute auch die Flüssigkeiten in den potentiellen Speichergesteinen, mißt ihren Druck und ihre Temperatur, beobachtet ferner die Fazies sowie die Änderungen der Fazies und verschafft sich eine genaue Kenntnis der geologischen Geschichte. Je eingehender die geologische Entwicklung eines Gebietes erkannt werden kann, um so erfolgreicher wird die geologische Erkundung sein.

Wenn man den Zeitpunkt der Ansammlung des Erdöls ermitteln will, muß man folgendes feststellen:

1. den Zeitpunkt der Bildung der Ölfalle,
2. den Zeitpunkt der Entstehung des Speichergesteins,
3. den Zeitpunkt der Heraushebung des Geländes und die Gebirgsbildung,
4. das veränderte Fassungsvermögen des Speichers bei geändertem hydrostatischem Druck,
5. den hydrodynamischen Druck im Speichergestein.

Die Wanderung des Erdöls in die Ölfallen kann man in zwei Phasen einteilen, erstens in eine primäre Phase, in der die fein verteilten Öltröpfchen aus dem sich verdichtenden Muttergestein, wie Schiefer, Tonstein, Kalkstein und Dolomit, ausgepreßt werden und in die zusammenhängenden Poren der Speichergesteine gelangen, und zweitens in eine sekundäre Phase, in der sie sich durch das wegsame Porenvolumen fortbewegen, bis sie durch eine Falle gestaut und an der Weiterbewegung gehindert werden. Es ist wahrscheinlich, daß sich das Erdöl sehr früh bildet und für eine sekundäre Ansammlung in Ölfallen verfügbar ist.

Ein durchlässiges Speichergestein wird in dem Zeitpunkt zur Ölfalle, wenn es von einem undurchlässigen Deckgestein eingedeckt ist oder sich faziell zu einem dichten Gestein verändert.

Zweifellos bilden sich in Zeiten der Krustenbewegung und Gebirgsbildung neue Gleichgewichtszustände in den Speichergesteinen aus, besonders hinsichtlich der Zirkulation von Flüssigkeiten, der Drucke, der Temperaturen und der Volumina. Mit großer Wahrscheinlichkeit kann man in diesen Zeiten eine Wanderung und Ansammlung des Erdöls annehmen.

Wenn sich die Tiefenlage einer Ölfalle ändert, wird sich auch ihr Fassungsvermögen für Öl und Gas verändern. Bei stärkerer Versenkung nimmt die Aufnahmefähigkeit infolge des geringen Gasvolumens bei dem höheren Druck zu. Wenn eine Struktur gestrichen voll mit Gas und Erdöl gefüllt ist, kann demnach das letzte Öl erst bei dem letzten Schritt der Versenkung eingewandert sein.

Der Verfasser kommt zu dem Schluß, daß wahrscheinlich das meiste Erdöl und Gas

1. zu einem frühen Zeitpunkt während seiner Diagenese in das Speichergestein einwandern,
2. auch späterhin noch frei beweglich bleiben, sofern die physikalischen Bedingungen eine Wanderung gestatten, und
3. die Öllagerstätte (pool), die wir heute kennen, das Endstadium eines einzigen Sammlungsvorganges oder das Ergebnis wiederholter Teilfüllungen der Ölfalle in Zeiten darstellt, in denen die physikalischen Bedingungen für Ölwanderungen günstig waren.

Für die Erdölerkundung ist es deshalb wichtig, einmal den Zeitpunkt zu ermitteln, in dem die Ölfallen entstehen, weiterhin den Zeitraum zu erkennen, in dem die optimalen physikalischen Bedingungen für die Ansammlung von Öl und Gas in einem gewissen Gebiet geherrscht haben, und schließlich den Versuch zu unternehmen, noch andere ähnlich gebaute Ölfallen aufzufinden.

REH

WINKLER-HERMADEN, A.

Geologisches Kräftespiel und Landformung

Grundsätzliche Erkenntnisse zur Frage junger Gebirgsbildung und Landformung

XX und 822 Seiten, mit 120 Abb., 10 Tab. und 3 Taf.; Springer-Verlag, Wien 1957.

Der Verfasser definiert das geologische Kräftespiel als die Summe der großen, entscheidenden Gestaltungsvorgänge, durch welche die Baustoffe für das werdende Gebirge während der Vorbereitungszeiten, die viele Millionen Jahre dauern können, in den durch Verbiegung oder durch Bruchbildung entstandenen Senken bereitgestellt werden. Die Landformung hingegen tritt von jenem Zeitpunkt an maßgeblich in Erscheinung, an welchem die Heraushebung der in Meeres- und Binnensenken vorgebildeten Baustoffe des Gebirges ihren Anfang nimmt.

Es ist, wie der Verfasser schon im Vorwort sagt, das Hauptziel dieses Buches, die gesetzmäßige Wirkungsweise der geologischen Kräfte an Beispielen aus dem tertiären Entwicklungsgang eines jungen Faltengebirges Europas zu beleuchten und das Ineinandergreifen von formgestaltenden geomorphologischen Kräften und von wirksamen geologischen Faktoren in Schichtbildung, Schichtstörung und Vulkanismus in Zeit und Raum klarzulegen.

Von großer Bedeutung ist, daß die in dem Buche niedergelegten Gedankengänge auf alpinem Boden erwachsen sind. An der Aufhellung der jungen Entwicklung der Orogene beteiligen sich zwei Forschungsrichtungen, nämlich die Arbeit des Geologen und die des Morphologen. Es ist also nicht nur eine Auswirkung persönlicher Beziehungen, sondern liegt im Wesen des ganzen Werkes begründet, daß das Buch dem großen erdkundlichen Forscher ALBRECHT PENCK gewidmet ist, der in seiner Person beide Forschungsrichtungen, die geologische und die morphologische, in kaum zu überbietender Weise vereinigte.

Der Stoff ist in drei Hauptabschnitte gegliedert: Der erste, kurze Abschnitt (S. 1—15) enthält die hauptsächlichen, in dem Buche behandelten Fragestellungen sowie Grundsätzliches zu den angewandten Arbeitsrichtungen. Der zweite, besonders umfangreiche Hauptabschnitt (S. 15—606) stellt das geologische Kräftespiel und die Landformung dar, soweit sie aus dem Studium der obermiozänen, pliozänen und quartären Entwicklungsgeschichte der östlichen Alpen und ihrer weiteren Umrahmung erschließbar sind. Der dritte Hauptabschnitt endlich (S. 606—753) bringt Ergebnisse allgemeiner Natur über Probleme jungtertiärer und alttertiärer Schichtgliederung, Tektonik, Vulkanismus und Formengestaltung.

Ein sehr umfangreiches Literaturverzeichnis (S. 754—792) vermittelt eine Vorstellung von dem wahrhaft imponierenden Aufwand an Fleiß und Arbeitskraft, der eine der Voraussetzungen für das Zustandekommen des Ganzen war. Ein Namensverzeichnis (S. 793—797), ein Ortsverzeichnis (S. 798—811), ein Sachverzeichnis (S. 812—820), ein kurzer Nachtrag und drei Tafeln (Karten und Profile) schließen das Buch ab.

Alles in allem: Ein bewundernswertes Werk, dessen Gedankengänge sich aus der Auswertung einer verwirrenden Fülle von Einzelheiten ergeben haben, die gesammelt, geordnet und in Übersichten zusammengefaßt worden sind. Die Fachwelt wird es an Dank nicht fehlen lassen. Doch sei hier auch der Freude Ausdruck gegeben, daß es dem Verfasser vergönnt gewesen ist, den Hauptertrag fünfundvierzigjähriger Forscherarbeit in einer so großartigen Zusammenschau darzustellen.

Es sei noch bemerkt, daß der Verlag dem umfangreichen Druckwerk eine Ausstattung zuteil werden ließ, die des überaus reichen Inhaltes würdig ist.

W. RETTSCHLAG

NIKOLOW, D.

Die Kohlenindustrie Bulgariens

„Nowaja Bolgarija" (Sofia) Nr. 12—1957.

KRASTEW, K.

Mariza-Ost — der größte modern ausgerüstete mechanisierte Tagebau Bulgariens

„Technitschesko Delo" (Sofia) vom 6. September 1957.

Als Direktor des Wissenschaftlichen Forschungsinstitutes der Steinkohlenindustrie in Bulgarien berichtet NIKOLOW über die Kohlenindustrie seines Landes.

In Bulgarien werden nach seinem Artikel fast alle Arten von Kohle gefördert: „Lignit", Braunkohle, Steinkohle sowie Anthrazit. Der „Lignit" besitzt einen Heizwert von 1500 bis 2500 kcal/kg und wird hauptsächlich in Westbulgarien gewonnen. Infolge des höheren Inkohlungsgrades der „Braunkohle" Bulgariens beträgt ihr Heizwert 3500—4800 kcal/kg. Man gewinnt sie in den Kohlenbecken von Dimitrowo, Boblow Dol und Pirin sowie in dem Bergbaurevier am Schwarzen Meer. 5000 —6500 kcal/kg Heizwert besitzt Steinkohle, die teilweise verkokbar ist. Anthrazit mit etwa dem gleichen Heizwert wird in den Schachtanlagen der Kohlenbecken von Swoge und Dragalewza im westlichen Teil der Stara Planina gefördert. Nach NIKOLOW sollen in Bulgarien Kohlenvorräte von etwa 2,5 Milliarden Tonnen festgestellt worden sein.

In Bulgarien ist die Kohlenförderung von 1939—1956 auf das 4,7fache angestiegen. Die Kohlenförderung pro Kopf der Bevölkerung lag im Jahre 1953 in Bulgarien bei 1,2 Tonnen und somit wesentlich höher als in der Türkei, Italien oder Griechenland. Um die ständig wachsenden Bedürfnisse der Volkswirtschaft zu befriedigen, soll die Kohlenförderung im Jahre 1970 28 Millionen Tonnen betragen. Das ergibt pro Kopf der Bevölkerung eine Förderleistung von 3,5 Tonnen im Jahr. Deutlich sichtbar wird auch die Hilfe, die die industriell entwickelten sozialistischen Länder Bulgarien gewähren. So sind im Tagebau leistungsfähige sowjetische Elektrobagger der Typen SE-3 und ESsh 4/40, tschechoslowakische elektrische Bagger Skoda E-23 und E-25, ferner normalspurige Lokomotiven und Waggons, Bulldozer und Schrapper eingesetzt. Unter Tage werden Fördermittel aus verschiedenen Ländern, Kompressoren, Ventilatoren, sowjetische und polnische Schrämmaschinen, elektrische Lokomotiven für Fahrleitungs- oder Akkumulatorenbetrieb sowie Kohlenkombines der Typen „Donbaß" und „Gornjak" eingesetzt.

Beim Abbau von „Braunkohle", „Lignit" und z. T. auch von Steinkohle kommt unter Tage meist das Abbausystem in breiten Streben oder das Ein- oder Mehrschichtverfahren (das sich nach Mächtigkeit und Einfallen der Flöze richtet) zur Anwendung. In den Vorrichtungsstrecken verdrängt Stahlbeton das Grubenholz immer mehr.

Ingenieur KRASTJU KRASTEW berichtet über den größten im Entstehen begriffenen Tagebau Südosteuropas.

Mariza-Ost liegt südöstlich von Nowa Sagora und nordöstlich der Stadt Mariza zwischen den Dörfern Radnewo, Aprilowo, Stachanowo, Mednikarowo und Gradez. Das Becken umfaßt eine Fläche von 300 km² und birgt über 3 Milliarden Tonnen Braunkohle.

Die pliozänen Ablagerungen bestehen aus Ton (teilweise sandigem Ton) und Sand. Die Gesamtmächtigkeit der pliozänen Sedimente beträgt über 200 m. Die 3 Kohlenflöze liegen fast horizontal in Tiefen von 45—80 m. Insgesamt ist der Kohlenkomplex 15—30 m mächtig.

Da das oberste Flöz einen höheren Aschengehalt und nur 1—2 m Mächtigkeit besitzt, hat es für die Industrie keinen Wert. Mit einer durchschnittlichen Mächtigkeit von 18—20 m ist das mittlere Flöz am wertvollsten. Nach seinem Aschengehalt wird es in 3 Schichten unterteilt. Die Trockensubstanz der mittleren Schicht (die auch zugleich die mächtigste ist) besitzt den niedrigsten Aschengehalt von 16—18%. Dagegen beträgt der Aschengehalt der Trockensubstanz der oberen und unteren Schicht 22—42%. Das tiefste Flöz ist 1—5m mächtig und vom 2. Flöz durch 5—6 m Ton getrennt. Die über den Flözen lagernden Sandschichten sind 0,10 bis 5,00 m mächtig und führen Wasser.

Der Kaloriengehalt der Rohkohle liegt zwischen 1770 und 1870 kcal/kg, der Kaloriengehalt der Reinkohle hingegen beträgt 6000—6700 kcal/kg. Der Wassergehalt der Braunkohle des Mariza-Ost-Beckens liegt zwischen 50—60%.

Die Vorräte der Abschnitte, die nach dem neuen Projekt zu dem Bergwerk Mariza-Ost gehören, sind mit 525300000 t Kohle bei einem Durchschnittskoeffizienten des Abraumes von 2,44 m³ pro Tonne Kohle angegeben. Das Gebiet des Bergwerkes wird in zwei Abbauabschnitte eingeteilt. Der erste Abschnitt soll am 1. 1. 1960 in Betrieb genommen werden und 1988 abgebaut sein. 1989 wird der zweite Abschnitt in Betrieb genommen und soll 2015 abgebaut sein. In den erwähnten Zeiten sollen über 500000000 t Kohle gefördert werden.

In dem von sowjetischen Freunden entworfenen Projekt ist die Verwendung von Schaufelrad- und Eimerkettenbaggern aus der DDR vorgesehen. Die Schaufelbagger (vier werden eingesetzt) haben eine durchschnittliche Leistung von 550 bis 1100 m³/h mit einem Fassungsvermögen pro Eimer von jeweils 315 bis 1200 Litern bei einer installierten Leistung von 430 bis 1500 kW. Die zwei Eimerkettenbagger werden eine durchschnittliche Leistung von 910 bzw. 2330 m³/h bei einem Fassungsvermögen pro Eimer von jeweils 1120 und 2240 Litern haben.

Aus dem Abraum werden mit Hilfe eines Absetzers in den ersten vier Jahren Halden aufgeschüttet werden. Später wird der Abraum an Stelle der abgebauten Kohle in die Grube geschüttet. Die Verhiebrichtung ist fächerförmig. Ihre Länge wird 2000—3000 m betragen. In dem Projekt sind für den Abtransport der Erdmassen 100 Tonnen-Elektrolokomotiven sowie Selbstkipper mit 40 m³ Fassungsvermögen und für den Abtransport der Kohle die gleichen Lokomotiven sowie Wagen mit 60 t Fassungsvermögen vorgesehen.

Nach der Inbetriebnahme soll das Bergwerk in 24 Stunden 35000 tKohle fördern, das entspricht einer jährlichen Kohlenförderung von 10,3 Mio t. An Abraum sollen in 24 Std. 94000 m³ oder im Jahre 26,4 Mio m³ bewegt werden.

Somit wird die Förderung des Bergwerkes den Bedarf des in der Nähe geplanten Wärmekraftwerkes Mariza-Ost mit einer Leistung von 250000 kWh, des zweiten Stickstoffdüngerwerkes mit einer jährlichen Produktion von 440000 t Kunstdünger und der Brikettfabrik mit einer Jahresproduktion von 1,2 Millionen t Briketts (in d. erst. u. zweit. Etappe) befriedigen. Die Produktion des Bergwerks wird wie folgt ansteigen: 1960 — 800000 t, 1961 — 3430000 t, 1962 — 4930000 t, 1963 — 6530000 t, 1964 und 1965 je 7930000 t und von 1966—1970 je 10350000 t.

Für den ständig wachsenden Kohlebedarf ist die Projektierung und Erschließung eines zweiten Tagebaues vorgesehen, für den genügend Vorräte (nach Meinung des Verfassers) vorhanden sind.

Die Bedeutung des neuen Tagebaues kann man daran ermessen, daß gegenwärtig alle bulgarischen Kohlenbergwerke etwa 11 Millionen Tonnen Kohle jährlich fördern und 35000 Arbeiter, Ingenieure und Techniker beschäftigen, während in dem Bergwerk Mariza-Ost 10,3 Millionen Tonnen (also fast die gleiche Kohlenmenge) von nur 1073 Arbeitern, Ingenieuren und Technikern gefördert werden sollen. Durch den hohen Stand der Mechanisierung des Bergwerkes sollen die Arbeitsproduktivität pro Arbeiter der gesamten Anlage 34,1 t und die eines im Abbau beschäftigten Arbeiters 38,8 t pro Schicht betragen. Auf der Grundlage des Kohlevorkommens Mariza-Ost wird somit in den kommenden Jahren das größte Industriezentrum Bulgariens aufgebaut werden können.

S. DRESSEL

WOOD, G. A. & R. E. STANTON

Eine Schnellmethode für die Bestimmung von Chrom in Böden bei der geochemischen Prospektion

Bulletin of the Institution of Mining and Metallurgy, Transactions, 66, 2. 331—340, (1956/57).

Die Verfasser haben zwei an und für sich bekannte Methoden der Chrombestimmung unter Verzicht auf große Genauigkeit so weit vereinfacht, daß sie mit einfachsten Mitteln rasch in großen Serien ausgeführt und somit bei der Prospektion im Feldlaboratorium angewendet werden können.

Die Versuche wurden allerdings nur an einem Dutzend verschiedener chromhaltiger Bodenproben im Institutslaboratorium der Forschungsstelle für geochemische Prospektion des Imperial College of Science and Technology, London, ausgeführt. Insofern kann von einer eigentlichen praktischen Erprobung des Verfahrens als Feldmethode noch nicht gesprochen werden. Es ist aber kaum zu bezweifeln, daß es als solche geeignet sein wird.

Bei der angewendeten Methode handelt es sich um Varianten einmal der Chromat-Methode und zum anderen der Dichromat-Diphenylcarbazid-Methode, wobei für relativ hohe Cr-Gehalte bis zur unteren Grenze von 250 ppm (Teile pro

Million) die erste und bei niedrigeren Gehalten herunter bis zu 5 ppm die sehr empfindliche zweite Methode benutzt wird. Da die ersten 8 Verfahrensschritte der zweiten Methode identisch sind mit der Ausführung der ersten Methode und die weiteren 7 Schritte nur noch einfachste und sehr schnellgehende Manipulationen darstellen, kann man mit gewissem Recht das Ganze als eine Schnellmethode bezeichnen.

Die apparativ anspruchsvollsten Operationen des gesamten Arbeitsganges sind eine Natriumcarbonat-superoxyd-Schmelze und eine Filtration. Von den im westlichen Ausland sich immer mehr einbürgernden und für die Feldtätigkeit so besonders praktischen Flaschen usw. aus dem elastischen Kunststoff Polyäthylen wird auch hier weitgehend Gebrauch gemacht. DieEndbestimmungenerfolgenvisuellkolorimetrisch durch Vergleich mit Standards. Diese einfache Methodik, die bei der Prospektion auf Cu, Pb, Zn, Sb und einige andere Elemente schon vielfach benutzt wird, hat also hier eine weitere Anwendung gefunden.

Die Möglichkeit der Störung durch Fremdionen ist gering. Diejenige durch Mn und V wird innerhalb des Arbeitsganges durch Erhitzen der Lösung mit Äthanol bzw. durch Zusatz des Dinatriumsalzes der Äthylendiamintetraessigsäure ausgeschaltet. U, Ce, Au und Pt, die theoretisch ebenfalls durch Färbungen stören könnten, werden praktisch nicht in merklichen Konzentrationen in Erscheinung treten.

Die Genauigkeit der Methode wird mit ± 25%, bezogen auf den Sollwert, angegeben, was für den gedachten Zweck völlig ausreicht. GRASSMANN

Nachrichten und Informationen

Tektonische Bewegungen im Gobi-Altai-Gebiet

Am Nordrand der Wüste Gobi im Gebiet des Bergmassivs Bachar, wo das Epizentrum des großen Erdbebens vom 4. Dezember 1957 lag, bildete sich eine Hauptspalte, die sich über 250 km am nördlichen Fuß der Bergkette entlang zieht. Die Breite der Spalte erreichte 20 m. Besonders starke Zerstörungen wurden auf dem höchsten Zentralmassiv Iche Bogdo angerichtet, wo ein großer Spalt von 15—18 km Länge entstand. Von dort aus zog sich über die Berge eine Vielzahl von Rissen in den verschiedensten Richtungen.

Durch das Erdbeben erfolgte eine teilweise horizontale Verschiebung des ganzen Gebietes um 3 m. Das bedeutet, daß sich entsprechend der Gesamtlänge der 250 km langen Hauptspalte die Straßen, Wasserläufe usw. um 3 m verschoben haben. Gleichzeitig mit dieser Verschiebung wurde die ganze Bergkette um 2—6 m gehoben. Das Hypozentrum des Erdbebens liegt nach vorläufigen Berechnungen etwa in einer Tiefe von nur 20—30 km unter der Erdoberfläche. Es ist interessant, daß die Hauptspalte am nördlichen Fuß der Bergkette dort aufgerissen wurde, wo bereits mehrere große Spalten bekannt sind, die vor vielen Millionen Jahren entstanden. Das letzte Gobi-Altai-Beben ist gewissermaßen ein neues Glied in einer langen Kette ähnlicher prähistorischer Erdbeben gewesen.

Welt-Erdölförderung im Jahre 1957

Im Jahre 1957 hat die Welterdölförderung 881,3 Mio t erreicht. Sie liegt um 43,7 Mio t über der Förderung des Vorjahres und erfuhr somit eine Zuwachsrate von 5,2%. Der Anteil der USA an der Weltförderung ging von 42,1 auf 39,9% zurück. Dagegen stieg der Anteil der südamerikanischen Erdölländer auf 20,5%, was vor allem auf die Mehrförderung in Venezuela, das etwa 17,5 Mio t mehr als im Jahre 1956 förderte, kam. Der Gesamtanteil an der Weltförderung des Nahen Ostens ging auf 20,1% zurück, da die Förderung 1957 nur um etwa 5 Mio t (infolge der politischen Wirren im Zusammenhang mit der Suezkanalkrise) gestiegen war.

Westeuropa erreichte im abgelaufenen Jahr die größte Zuwachsrate unter den Erdölgebieten der Welt. Die noch immer geringe Förderung von etwa 11,9 Mio t lag um 16,7% höher als 1956. Einen besonders großen Zuwachs brachten die neu aufgeschlossenen Ölfelder auf Sizilien.

Der Wirtschaftsverband Erdölgewinnung hatte Anfang 1957 eine Vorausschätzung für die 1957 zu erwartende westdeutsche Förderung herausgegeben. Statt der vorgesehenen etwa 3,77 Mio t konnten jedoch 3,96 Mio t gefördert werden, so daß eine Steigerung um 12,9% gegenüber dem Vorjahr erreicht wurde.

In den sozialistischen Ländern fand eine Förderzunahme um 15% statt, so daß sie ihren Anteil an der Weltproduktion auf 12,8% gegenüber 11,7% 1956 steigern konnten. In der Sowjetunion wurde die Förderung von 33,3 Mio t im Jahre 1949 auf 98 Mio t 1957 fast verdreifacht. Da bis 1972 das Planziel eine Jahresförderung von 350—400 Mio t vorsieht, müßte der durchschnittliche Jahreszuwachs mindestens 9% betragen. Für Rumänien ist im laufenden Fünfjahrplan eine Steigerung der Förderung auf 13,5 Mio t bis zum Jahre 1960 vorgesehen.

Die Entwicklung der Welterdölförderung von 1955 bis 1957 der uns besonders interessierenden Länder ist aus der folgenden Tabelle ersichtlich:

Welt-Erdölförderung (in Mio t)

	1955	1956	1957
Vereinigte Staaten	334,93	352,95	352,00
Venezuela	112,38	128,92	146,30
Sowjetunion	70,80	83,80	98,00
Kuwait	54,76	54,98	57,30
Saudi-Arabien	47,54	48,62	49,00
Iran	16,21	26,53	35,50
Kanada	17,43	23,13	24,50
Irak	33,65	31,31	21,00
Indonesien	11,79	12,65	15,00
Mexiko	12,60	12,80	12,60
Rumänien	10,58	10,92	11,50
Deutschland	3,15	3,51	3,96
Österreich	3,67	3,43	3,18
Niederlande	1,02	1,09	1,50
China	0,97	1,18	1,50
Frankreich	0,88	1,26	1,40
Italien	0,20	0,57	1,40
Weltförderung	770,08	837,54	881,30

E.

Neues Erdölfeld in Libyen

Eine Erkundungsbohrung der CREPS (Compagnie de Recherches et d'Exploitation de Petrole au Sahara) ist bei Zarzaitine, etwa 50 km nordwestlich von Edjélé, in 1350 m Teufe fündig geworden. Man rechnet mit einer Tagesförderung von 400 t. Bei Edjélé war man bereits in 600 m Teufe fündig geworden. Dort sind bisher insgesamt 20 Bohrungen niedergebracht worden, die einen Vorrat von etwa 50 Mill. t erbrachten. Zur Zeit ist man der Ansicht, daß das Feld bei Zarzaitine wahrscheinlich eines der ölreichsten der Sahara sein und den Feldern von Hassi Messaoud nicht nachstehen wird.

An der Ölsuche in den Wüstengebieten Libyens sind gegenwärtig etwa zwölf Gesellschaften beteiligt. Insgesamt wurden bereits 65 Explorationskonzessionen vergeben, deren westlichste etwa 1600 km von der östlichsten entfernt ist. Im westlichen Konzessionsgebiet wurde kürzlich bei Atshan, in der Nähe der algerischen Grenze, eine Suchbohrung fündig. Die Tätigkeit der geologischen und geophysikalischen Explorationstrupps in der Libyschen Wüste ist besonders gefährlich, weil weite Flächen, die sich z. T. von der Küste aus bis zu 150 km in das Innere erstrecken, aus der Zeit des Wüstenkrieges im zweiten Weltkrieg noch stark vermint sind. Von britischen, deutschen, französischen und italienischen Streitkräften wurden insgesamt etwa 4 Mill. Minen gelegt, von denen erst etwa ein Viertel aufgefunden und unschädlich gemacht werden konnte. L.

Erdöl in Afghanistan

Das Bergbau-Ministerium gab bekannt, daß im Norden des Landes, wo 12 Erkundungsbohrungen niedergebracht worden waren, eine Bohrung in 600 m Teufe eruptiv fündig geworden ist. Die Regierung hat daraufhin in einem Gebiet von 12 km² Umkreis eingehende geophysikalische Untersuchungen angeordnet. Es ist beabsichtigt, durch Erweiterungsbohrungen die Ausdehnung des angefahrenen Erdölfeldes beschleunigt festzustellen.

Jamaica als wichtiger Bauxiterzeuger

Auf Jamaica, mit 10896 km² die zweitgrößte Insel der Großen Antillen Westindiens, vollzogen sich grundlegende wirtschaftliche Veränderungen durch die Auffindung von Bauxit während des zweiten Weltkrieges. Die Kriegsverhältnisse verhinderten jedoch eine nähere Untersuchung oder gar den Abbau dieser Lagerstätten. Die sofort nach Kriegsende wiederaufgenommenen Untersuchungen der angeblich geringwertigen Bauxitvorkommen mit 5—10 Mio t Vorräten ergaben aber sichere abbauwürdige Vorräte von nicht weniger als 600 Mio t. Rasch war die Insel zum wichtigsten Erzeuger dieses Rohstoffes für die Aluminiumgewinnung im amerikanischen Raum geworden. Sie übertraf die bisher reichsten Bauxitlieferanten Britisch- und Holländisch Guayana und liegt um die Hälfte näher an den Verbrauchszentren.

Die gesamte wirtschaftliche Struktur der Insel veränderte sich. So wurden mit einer Aufwendung von 100 Mio Dollar Bergwerke, Aufbereitungs- und Transportanlagen erbaut. Viele Meilen lange Seilbahnen bringen den Bauxit direkt an die Piers dreier neuer Häfen. Wohl selten hat sich die Wirtschaftsstruktur und das Leben eines Landes so schnell und grundlegend geändert. Gegenwärtig haben die drei an der Bauxitförderung beteiligten Gesellschaften eine Jahresförderung von 3,5 Mio t. 1960 dürfte die Jahreserzeugung über 7 Mio t betragen, und nach Abschluß der geplanten Erweiterungen und Aufschließungen ist mit einer jährlichen Erzeugung von 9,8 Mio t zu rechnen. Die Kapitalinvestitionen der drei Gesellschaften betrugen bis zum 31. 12. 1956 35,5 Mio£ und dürften bis Ende des nächsten Jahres 57,2 Mio £ erreichen.

Die Anzahl der Beschäftigten betrug Ende 1956 5793 Mann und Mitte des Jahres 1957 6136 Mann. Nach Abschluß der geplanten Erweiterungen wird sich die Zahl der Beschäftigten auf konstant 7000 belaufen.

Diese „zweite Entdeckung" Jamaicas hat die Insel in eine günstigere Lage als die anderer kleiner Länder versetzt. So wird der Staatshaushalt Jamaicas auf Grund eines für 25 Jahre abgeschlossenen Abkommens in diesem Jahr rd. 1 Mio £ Steuern und Abgaben aus der Bauxitgewinnung erhalten, im nächsten Jahr 4 Mio, 1959 5 Mio und 1960 7 Mio £. Nach den geplanten Erweiterungen ist mit einer jährlichen Einnahme von 9 Mio £ zu rechnen. Für viele Jahre wird der Staatshaushalt zu 25% aus den Einkünften aus Bauxit getragen werden. Schon jetzt ist an Stelle des chronischen Außenhandelsdefizits ein Ausfuhrüberschuß im Werte von 2 Mio £ getreten. Es ist nicht ausgeschlossen, daß dieser Betrag bis 1960 auf 30 Mio £ ansteigen wird.

Mit der Bauxitgewinnung ist die Wichtigkeit des Zuckerrohranbaues für den Außenhandel und die damit verbundene Saison-Arbeitslosigkeit in den Hintergrund getreten. Jamaicas Wirtschaft beruht fortan auf der Landwirtschaft, dem sich rasch ausweitenden Bergbau und einem zunehmenden Fremdenverkehr. Die Einnahmen aus der Bauxitförderung wiederum können zur Modernisierung der Landwirtschaft, zum Ausbau des Gesundheits- und Bildungswesens und zur Erhöhung des Lebensstandarts verwandt werden. Damit dürfte sich auch der Zwang zur Auswanderung vermindern.

Die wirtschaftlichen Erfolge auf Jamaica veranlaßten auch die Nachbarinseln, systematisch nach Rohstoffen und anderen wirtschaftlichen Entwicklungsmöglichkeiten zu suchen.

So befand sich auf Einladung der kubanischen Regierung eine westdeutsche Delegation zwei Monate lang auf Kuba, um die Abbauwürdigkeit von verschiedenen Erzen zu untersuchen. Das benachbarte Hispaniola (Dominikanische Republik und Haiti) verfügt ebenfalls über wichtige abbauwürdige Rohstoffe. Auch Puerto Rico endlich, die kleinste Insel der Großen Antillen, versucht, sich auf Grund einer systematischen Industrialisierung zu entwickeln. DRESSEL

Ein neues rumänisches Tiefbohrgerät LD 4

Die rumänischen Werke „1. Mai" haben Ende des vergangenen Jahres mit der Herstellung eines neuen Typs von Tiefbohrgeräten begonnen. Es handelt sich um Anlagen vom Typ LD 4, die für Teufen bis zu 3500 m bestimmt sind. Für Bohrgestänge von 4½" eingerichtet, wird diese neue Anlage von vier Dieselmotoren mit einer Gesamtleistung von 1050 PS angetrieben. Das Gerät LD 4 wird durch folgende *technische Daten* gekennzeichnet:

Größte Arbeitslast am Haken	150 t
Größte Hubgeschwindigkeit des Hakens	105 m/min
Größte Zugkraft der Fördertrommel an der Seilaufwicklung	21 t
Anzahl der Gänge des Hebewerkes	6
Größte Drehzahl des Drehtisches	272 U/min
Anzahl der Geschwindigkeitsabstufungen des Drehtisches	6
Kraftbedarf einer Spülpumpe	470 PS

Die neue Tiefenbohranlage Typ LD 4

Wichtige *Konstruktionsdaten* der Bohranlage:

a) umlegbarer Bohrturm in Stahlkonstruktion für 150 t Arbeitslast

b) Antrieb des Drehtisches entweder durch Rotaryketten oder durch Kardanwelle

c) automatische Zentralsteuerung vom Schaltpult des Bohrmeisters am Hebewerk

d) Zusammenfassung der gesamten Antriebskraft und ihre Verteilung auf Hebewerk und Spülpumpen über Vorgelege mit Schalt- und Umkehrgetriebe.

Am Vorgelege sind die pneumatischen Kupplungen sowie die Verbindungen zwischen den Transmissionswellen durch Gall-Ketten von 1½" hervorzuheben.

e) die Triplex-Spülpumpen haben eine Förderleistung von je 3042 l/min und einen Druck von 150 at, was auch Bohrarbeiten mit Turbinenantrieb gestattet.

Die Automatisierung und Systematisierung dieser Bohreinrichtung ermöglicht ein rasches Tiefbohren. — t —

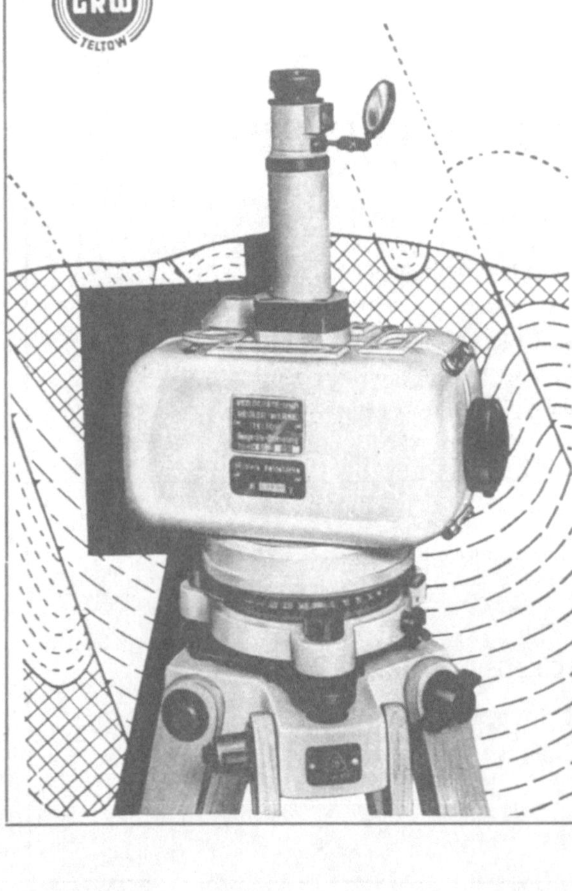